JN180662

一般社団法人 日本エクステリア学会 編著

エクステリア標準製図

JIS製図規格とその応用

建築資料研究社

出版に寄せて

日本の住まいには“庭造り”という伝統があり、造園という名の業種が古くから存在して、日本の住宅の外部住空間づくりを担ってきました。しかし、近年、住宅を取り巻く外部住空間は大きく変わったため、従来の“庭造り”だけでは解決できなくなってきています。住まいの敷地内だけではなく、街づくりや景観など公共的空間の視点を加えて住環境を捉える必要が出てきました。

こうした背景により、総合的に外部住環境を捉える“エクステリア”という概念が生まれました。全国の自治体などでも、「街づくり条例」や「景観条例」などの名称で、街並み景観や街づくりを意識したエクステリア計画を推進しつつあります。そして、「エクステリア工事」などの名のもとに、全国で多数の方々がエクステリア分野に参画し、外部住空間の設計及び施工に携わるようになっています。

しかし、“エクステリア”という言葉が意味するところの理解も含めて、「エクステリア工事」の設計や施工についての確たる拠り所が明確に示されないまま進んでいるのが実情です。したがって、景観との調和を図りながら、同時に住む人の快適で豊かな住環境の向上を実現する“エクステリア”分野の重要性は今後もますます高まっていきますが、現在、その設計や施工などにおける基準の整備が急ぎ求められている、といえるでしょう。

以上のような問題意識を持って、エクステリア工事の従事者として要求される知識と技能の向上・発展を図るとともにエクステリア工事に対する信頼性を高め、快適で豊かな住環境づくりに寄与することを目的として、2009年に有志の勉強会「エクステリア製図規格検討会」を発足しました（その後、「エクステリア品質向上委員会」に改称、委員は、本頁下に掲載）。そして、2012年に「一般社団法人 日本エクステリア学会」が設立されることになりました。ここでは、エクステリアに関する諸問題について検討を重ね、その検討結果を広く社会に発信して、エクステリア業界全体のお役に立ちたいと願って活動を行っています。

日本エクステリア学会では、エクステリア品質向上委員会の最初の成果を現した『エクステリア製図規格』にさらに検討を加え、今回、改訂版として本書を出版する運びとなりました。ここには、エクステリア工事に関わる製図基準を示しています。エクステリアのプランや施工に携わっている実務者の方々にとって、本書がお役に立つものと考え、さらに本書を拠り所として今後のますますのご活躍を期待しているものであります。また、造園、建築、土木に関わる方々にも広く読んでいただければ幸いです。

2016年1月吉日

一般社団法人　日本エクステリア学会　代表理事　吉田　克己

■エクステリア品質向上委員会委員（2011年12月時点）　※所属も当時

蒲田　哲郎	旭化成ホームズ株式会社	内海　義啓	株式会社ナテックス
小林　義幸	有限会社エクスパラダ	平賀　たまみ	株式会社ナテックス
小沼　裕一	エスビック株式会社	安光　洋一	有限会社安光セメント工業
伊藤　英	住友林業緑化株式会社	吉田　克己	吉田造園設計工房
吉田　和幸	セキスイエクステリア株式会社	奈村　康裕	株式会社リック
山中　秀実	積水ハウス株式会社	穴澤　麻衣子	株式会社リック
中澤　昭也	中庭園設計		

はじめに

エクステリア業界では、いまだに製図通則のJIS化がされておらず、表現方法の統一がされていません。

各自あるいは各社ごとの製図表現で描いた図面では、設計意図の伝達が不十分な図面になってしまうこともありました。

そこでこれらを解消することを目的に発足した有志の勉強会「エクステリア製図規格検討会」は、2009年7月から活動を開始し、2011年12月に会の名称を「エクステリア品質向上委員会」と改め『エクステリア製図規格』を自主出版しました。そこでは、造園学会の草案（造園製図規格化検討小委員会「造園製図規格（案）」『造園雑誌』第51巻第4号、日本造園学会、1988年）をベースにJIS製図規格、土木、建築の製図通則に沿いながらエクステリアの施設、道路施設などの表現の統一を図りました。

このたび一般社団法人　日本エクステリア学会は『エクステリア標準製図』を編集するにあたり、特に下記の項目に重点を置きました。この背景にあるのは“エクステリアの品質向上の第一歩は図面から”との強い思いと、“学生や新しくエクステリア業界に参入する若い人たちへ、正確な製図図法の指針を提供したい”との使命感です。

1. 図面の構成では、図面の様式、文章領域の充実、図面の折り方、綴じ方などの項目を入れました。
2. 図の表現では、線の描き方、図形の描き方（透視投影図を含む）、引出線、指示事項の表示、寸法表示など基礎的な項目を充実させました。
3. 本文の項目は、可能な限りJIS製図に沿う内容としました。
4. 見本図を充実し、本文の項目を見本図にて確認できるようにしました。

この『エクステリア標準製図』がエクステリア技術者の実用書のみならず、各教育機関でのエクステリア製図の教本、参考書となることを願っています。

最後に、編集にご協力いただいた編集委員の各位、出版社の関係者に感謝いたします。

2016年1月

一般社団法人　日本エクステリア学会

エクステリア標準製図　編集委員会

委員長　中澤昭也

副委員長　吉田克己

書　記　奈村康裕

■日本エクステリア学会　エクステリア標準製図　編集委員

吉田　克己	吉田造園設計工房	麻生　茂夫	有限会社創園社
中澤　昭也	中庭園設計	松尾　英明	ガーデンサービス株式会社
奈村　康裕	株式会社ユニマットリック	山中　秀実	景観企画研究所
蒲田　哲郎	旭化成ホームズ株式会社	吉田　和幸	セキスイデザインワークス株式会社
伊藤　英	住友林業緑化株式会社	新田　麻衣子	株式会社ユニマットリック
堀田　光晴	株式会社リック・C・S・R	東　賢一	旭化成ホームズ株式会社
粟井　琢美	三井ホーム株式会社	長廻　悟	株式会社LIXIL
小沼　裕一	エスビック株式会社	依田　康介	三協立山株式会社　三協アルミ社
小林　義幸	有限会社エクスパラダ	上太田　佳代子	大和ハウス工業株式会社
安光　洋一	有限会社安光セメント工業	齊藤　康夫	有限会社藤興
大橋　芳信	日之出建材株式会社	菱木　幸子	garden design Frog Space
松本　好眞	松本煉瓦株式会社	直井　優季	日光レジン工業株式会社

JIS 規格との対応について

JIS（日本工業規格）の改正などに応じて将来にわたって対応していくことを考慮し、本書で準じた JIS 及び JIS に対応する ISO（International Organization for Standardization、国際標準化機構）規格の主な製図関係規格、その他の規格を示しておきます。

また、本書の第 1 章の「1-3 用語及び定義」における JIS Z 8114 との対応関係も示しておきます。

JIS 製図の体系と対応国際規格

規格の分類	JIS 規格番号と名称		対応国際規格
総則	Z 8310:2010	製図総則	—
用語	Z 8114:1999	製図-製図用語	ISO 10209-1:1992、-2:1993
基本事項	Z 8311:1998	製図-製図用紙のサイズ及び図面の様式	ISO 5457:1980
	Z 8312:1999	製図-表示の一般原則-線の基本原則	ISO 128-20:1996
	Z 8313-0:1998	製図-文字-第 0 部：通則	ISO/FDIS 3098-0:1997
	Z 8313-1:1998	製図-文字-第 1 部：ローマ字、数字及び記号	ISO 3098-1:1974
	Z 8313-2:1998	製図-文字-第 2 部：ギリシャ文字	ISO 3098-2:1984
	Z 8313-5:2000	製図-文字-第 5 部：CAD 用文字、数字及び記号	ISO 3098-5:1997
	Z 8313-10:1998	製図-文字-第 10 部：平仮名、片仮名及び漢字	—
	Z 8314:1998	製図-尺度	ISO 5455:1979
	Z 8315-1:1999	製図-投影法-第 1 部：通則	ISO 5456-1:1996
	Z 8315-2:1999	製図-投影法-第 2 部：正投影法	ISO 5456-2:1996
	Z 8315-3:1999	製図-投影法-第 3 部：軸測投影	ISO 5456-3:1996
	Z 8315-4:1999	製図-投影法-第 4 部：透視投影	ISO 5456-4:1996
	Z 8316:1999	製図-図形の表し方の原則	ISO 128:1982
	Z 8317-1:2008	製図-寸法及び公差の記入方法-第 1 部：一般原則	ISO 129-1:2004
	Z 8318:2013	製品の技術文書情報（ＴＰＤ）-長さ寸法及び角度寸法の許容限界の指示方法	—
	Z 8322:2003	製図-表示の一般原則-引出線及び参照線の基本事項と適用	ISO 128-22:1999
	B 0011-1:1998	製図-配管の簡略図示方法-第 1 部：通則及び正投影図	ISO 6412-1:1989
	B 0011-2:1998	製図-配管の簡略図示方法-第 2 部：等角投影図	ISO 6412-2:1989
	B 0011-3:1998	製図-配管の簡略図示方法-第 3 部：換気系及び排水系の末端装置	ISO 6412-3:1993
	B 0021:1998	製品の幾何特性仕様（ＧＰＳ）-幾何公差表示方式-形状、姿勢、位置及び振れの公差表示方式	ISO/DIS 1101:1996
	C 0303:2000	構内電気設備の配線用図記号	—
部門別	A 0101:2012	土木製図	ISO 128-23:1999、3766:2003、5261:1995、5845-1:1995、6284:1996、9431:1990、11091:1994
	A 0150:1999	建築製図通則	ISO 4068:1987、7519:1991、8048:1984
	B 0001:2010	機械製図	—
特定製図	B 0011-3:1998	製図-配管の簡略図示方法-第 3 部：換気系及び排水系の末端装置	ISO 6412-3:1993
記号・表示	C 0303:2000	構内電気設備の配線用図記号	—

その他の規格

空気調和・衛生工学会規格 SHASE-S 001-2005 図示記号

JIS Z 8114:1999 製図–製図用語と本書の対応

JIS の表題（番号）		第 1 章の見出し番号／掲載ページ	対応番号
2.1	製図一般に関する用語（1001 ～）	1-3-1 ／p.11	（1001 ～）
2.2	図面の様式に関する用語（2001 ～）	1-3-2 ／p.12	（2001 ～）
2.3	製図に関する用語	1-3-3 ／p.13	
2.3.1	尺度に関する用語（3001 ～）	1-3-3-1 ／p.13	（3001 ～）
2.3.2	線に関する用語（3101 ～）	1-3-3-2 ／p.14	（3101 ～）
2.3.3	投影法に関する用語（3201 ～）	1-3-3-3 ／p.16	（3201 ～）
2.3.4	図形に関する用語（3301 ～）	1-3-3-4 ／p.19	（3301 ～）
3.3.5	寸法などに関する用語（3401 ～）	1-3-3-5 ／p.21	（3401 ～）
2.3.6	幾何公差に関する用語（3501 ～）	なし	
2.3.7	寸法公差・幾何公差・表面にまたがる用語（3601 ～）	なし	
2.4	図面の名称に関する用語	1-3-4 ／p.23	
2.4.1	用途による用語（4001 ～）	1-3-4-1 ／p.23	（4001 ～）
2.4.2	表現形式による用語（4101 ～）	1-3-4-2 ／p.24	（4101 ～）
2.4.3	内容による用語（4201 ～）	1-3-4-3 ／p.25	（4201 ～）
2.5	図面管理に関する用語（5001）	1-3-5 ／p.26	（5001 ～）

目 次

第３章 エクステリアの作図方法

第４章 エクステリア図面の構成

付録 1
設備関係記号

付録 2
見本図

第 1 章
エクステリア製図と JIS 規格

1-1 製図の意義とその重要性

機械、器具、建物などをつくるには、まず、それらの製作物の形状、構造、寸法、材料その他が全般にわたって慎重に考慮される。これらのことが決定すると、形状、構造などは、点や線によって紙面に図形で描き表し、また、寸法、材料、その他の事項は、文字によって図形に付記し、製作物の概要を示す図面を作成する。この図面は、言い換えると、製作物を仮想した草案にほかならないが、この草案を作成することを設計といい、一方、草案を示した図面のことを設計図と呼んでいる。

設計図は、普通、製作物の図形を方眼紙にフリーハンドで描き、これに必要事項を設計者が了解できる程度に簡単に付記したもので、製作物の概略を示したものに過ぎない。したがって、製作者がこの図面を見ただけでは、はたして十分に製作物の詳細を理解できるかは疑問であり、製作物を正確、かつ、能率的につくるための図面としては不十分である。

そこで、設計図は、製作するのに最も有効な図面として、さらに正確に、かつ、詳しく鮮明に描き改められる。これを製作図（または工作図）といい、この図面を作成することを製図、製図する人を製図者という。

なお、製作図は、設計図と同様に、線、文字などによって表現されることに変わりはないが、設計図と異なるところは、図形は製図用具によって正確に図示され、かつ、理解しやすいように、図面の表示形式が一定の規約に従っているので、容易にその製作物の全容を知ることができるということである。

製作図には、製作物が細部にわたって詳細に図示されているので、製作図を見ただけで、製作物の形状、寸法はもとより、その製作工程、製品の性能から原価にいたるまで、およその想像ができる。すなわち、製作図は、設計者の意図を、言語や形象のかわりに、線、文字、記号などによって表現したものである。その上、一定の規約にもとづいて製図されているから、どの国の人が見ても容易に理解できる。

1-2 一般事項

ここでは、JIS Z 8310、JIS Z 8311、JIS Z 8312、JIS Z 8313群、JIS Z 8314、JIS Z 8315 群、JIS Z 8316、JIS Z 8317-1 にもとづいて、エクステリア製図に関する共通、かつ、基本的な事項について規定する。

1-3 用語及び定義（JIS Z 8114）

製図に関する用語とその定義を記述する。なお、参考として対応英語を示すが、ISO 10209-1 及び ISO 10209-2 で規定する用語はゴシック体で示す。

各表の表題欄冒頭の番号は、JIS Z 8114 の番号であり、挿入図は、理解を容易にするため一部変更している。

1-3-1 製図一般に関する用語

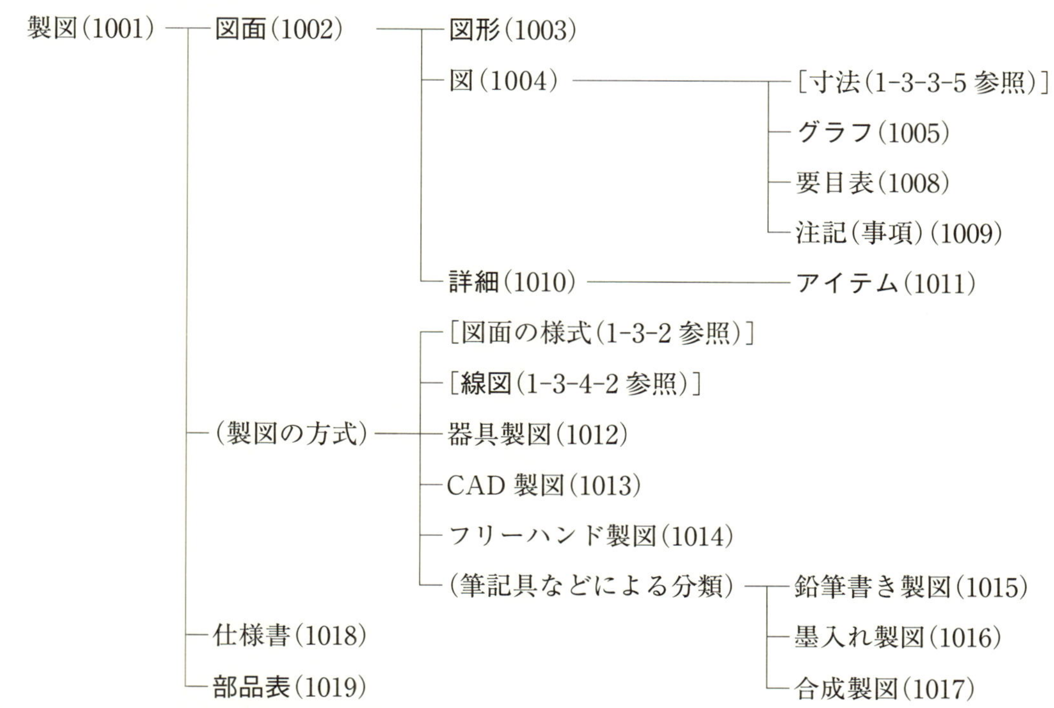

注) 上記の( )内の数字は、該当するJIS Z 8114の番号を示し、下記の用語表の「番号」と対応する。以下、この章ですべて同様とする。

表1-1 製図一般に関する用語

番号	用語	定義	対応英語(参考)
1001	製図	図面を作成する行為。	drawing drawing practice
1002	図面	情報媒体、規則に従って図又は線図(4109参照)で表した、そして多くの場合には尺度に従って描いた技術情報。 備考 この用語を複合語として用いる場合は、省略形で単に“○○図”とすることが多い。	technical drawing
1003	図形	対象物の見える部分及び必要に応じて隠れた部分を表した正投影図。	view
1004	図	図形に寸法などの情報を書き加えたもの。断面図、透視投影図など各種投影図の総称。	view
1005	グラフ	図による表現であり、通常、ある座標内で二つ以上の変数の間の関係を表したもの。	chart, graph
1008	要目表	図面の内容を補足する事項を、図中の中に表の形で表したもの。例えば、加工、測定、検査などに必要な事項を示す。	tabular
1009	注記(事項)	図面の内容を補足する事項を、図中に文章で表したもの。	note
1010	詳細	対象物、対象物の部分又は組立の図による表現であり、通常は必要な情報を与えるために拡大される。	detail
1011	アイテム	図示された対象物の構成部品又は組み合わされたもの(コンポーネント)。	item
1012	器具製図	定規、コンパス、型板などの製図器具を用いて製図する行為。	instrument drawing
1013	CAD製図	コンピュータの支援によって、製図する行為。	computer aided drawing
1014	フリーハンド製図	製図器具を用いないで、手書きによって製図する行為。	freehand drawing
1015	鉛筆書き製図	鉛筆を用いて製図する行為。	pencil(work) drawing
1016	墨入れ製図	製図用ペン、からす口などを用いて製図する行為。	inked drawing
1017	合成製図	すでにある図面に、一部を切り張り又は組み合わせて新規の図面を作成する行為。	composite drawing
1018	仕様書	材料、製品、工具、設備などについて、技術的要求事項を記載した文書。	(technical) specification
1019	部品表	一つの組立品(又は一つの部分組立品)を構成する部品の、又は一枚の図面上に示された詳細な部品の完全なリスト。	item list

1-3-2 図面の様式に関する用語

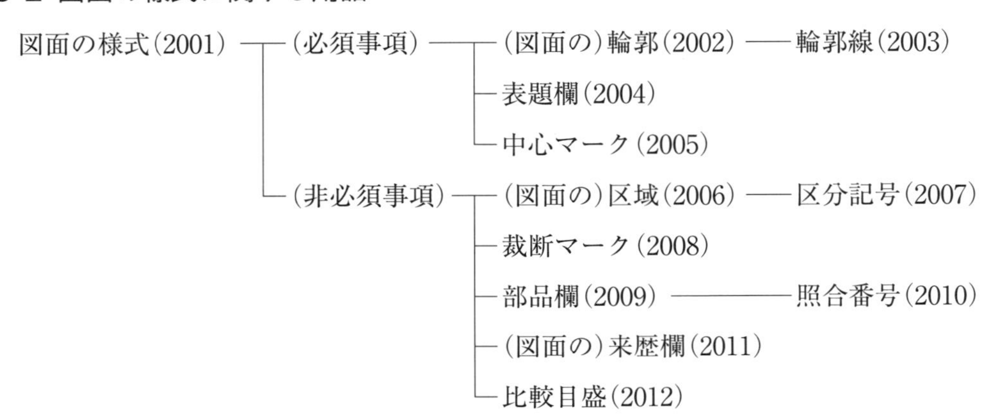

表 1-2 図面の様式に関する用語

番号	用語	定義	対応英語(参考)
2001	図面の様式	図面の共通的な一定の形式。例えば、図面の輪郭、表題欄、マークなどの形、大きさ、配置。	drawing format, layout of drawing sheet
2002	(図面の)輪郭	図面の縁からの損傷で、図面の内容が損なわれないように設ける余白の部分。	border, margin of drawing
2003	輪郭線	図面の、図を描く領域と輪郭との境界線(2002 の図参照)。	frame, borderline
2004	表題欄	図面の管理上必要な事項、図面内容に関する定型的な事項などをまとめて記入するために、図面の一部に設ける欄。図面番号、図名、企業名などを記入する。	title block, title panel
2005	中心マーク	図面をマイクロフィルムに撮影したり、複写するときの便宜のため、図面の各辺の中央に設ける印。	centering mark
2006	(図面の)区域	図面の中の特定の領域を示す範囲。例えば、B-2 のように示す。	division, zone

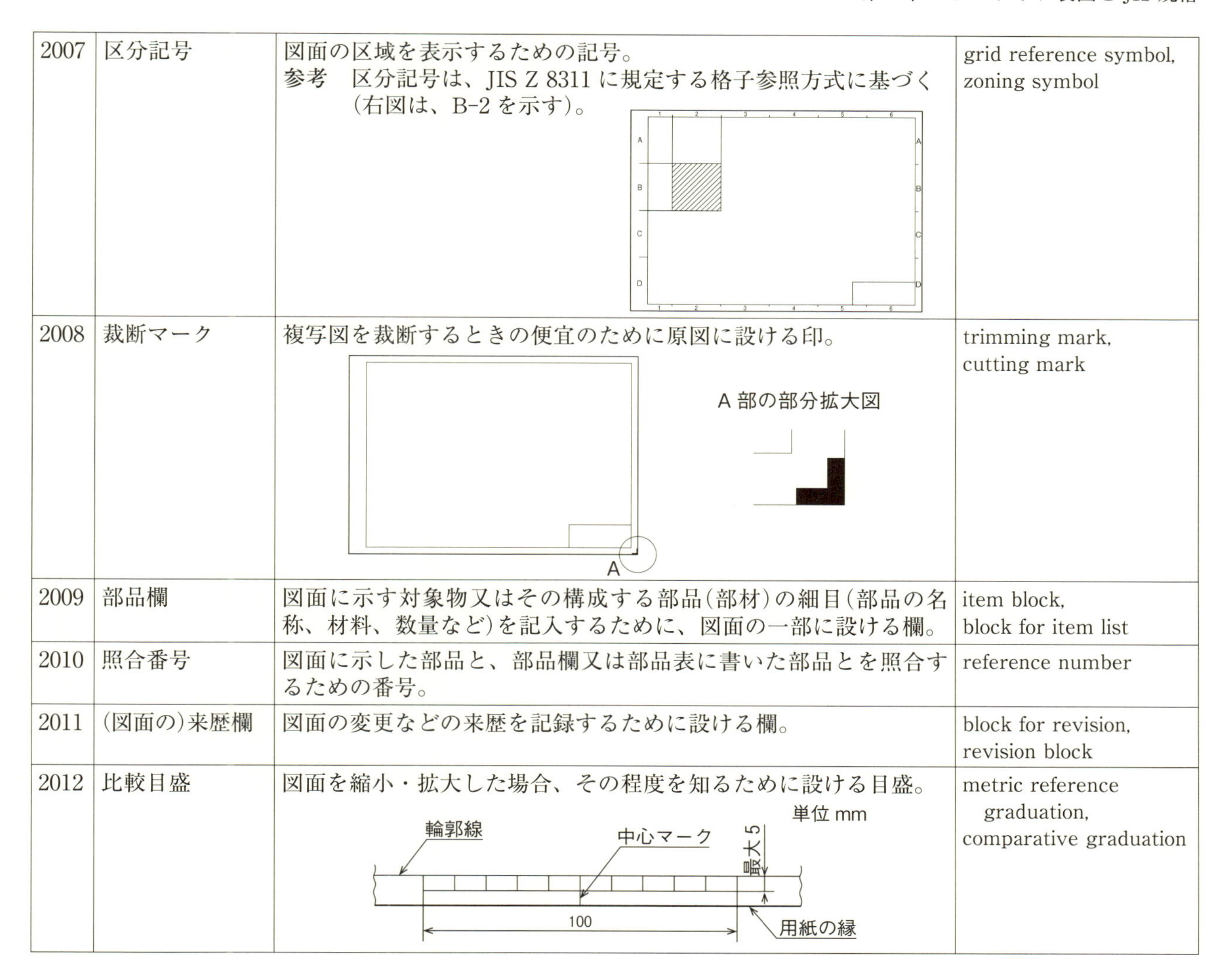

2007	区分記号	図面の区域を表示するための記号。 参考　区分記号は、JIS Z 8311に規定する格子参照方式に基づく（右図は、B-2を示す）。	grid reference symbol, zoning symbol
2008	裁断マーク	複写図を裁断するときの便宜のために原図に設ける印。	trimming mark, cutting mark
2009	部品欄	図面に示す対象物又はその構成する部品（部材）の細目（部品の名称、材料、数量など）を記入するために、図面の一部に設ける欄。	item block, block for item list
2010	照合番号	図面に示した部品と、部品欄又は部品表に書いた部品とを照合するための番号。	reference number
2011	（図面の）来歴欄	図面の変更などの来歴を記録するために設ける欄。	block for revision, revision block
2012	比較目盛	図面を縮小・拡大した場合、その程度を知るために設ける目盛。	metric reference graduation, comparative graduation

1-3-3 製図に関する用語

1-3-3-1 尺度に関する用語

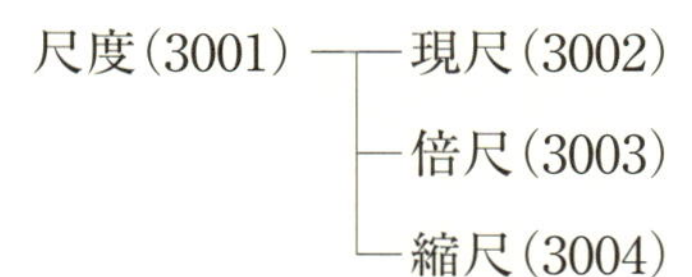

表1-3 尺度に関する用語

番号	用語	定義	対応英語（参考）
3001	尺度	図形の大きさ（長さ）と対象物の大きさ（長さ）との割合。	scale
3002	現尺	対象物の大きさ（長さ）と同じ大きさ（長さ）に図形を描く場合の尺度。 備考　現寸ともいう。	full scale, full size
3003	倍尺	対象物の大きさ（長さ）よりも大きい大きさ（長さ）に図形を描く場合の尺度。	enlargement scale, enlarged scale
3004	縮尺	対象物の大きさ（長さ）よりも小さい大きさ（長さ）に図形を描く場合の尺度。	reduction scale, contraction scale

1-3-3-2 線に関する用語

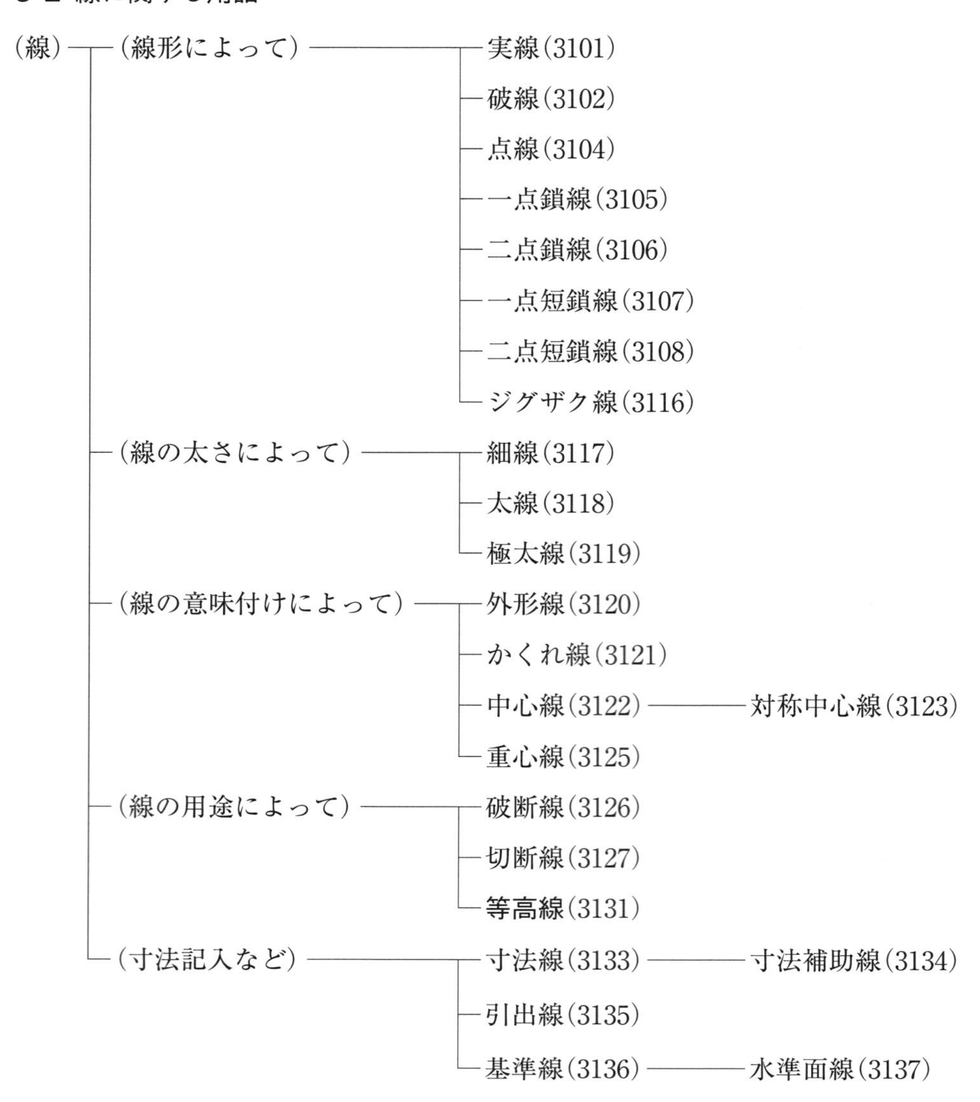

注）線と点は、次のように定義される（参照：JIS Z 8312）。
　　線（line）：長さが線の太さの半分より大きく、始点から終点まで、直線、曲線、破断線又は連続線などによって結ばれている幾何学的な表示。
　　点（dot）：長さが線の太さの半分以下の線。

表 1-4 線に関する用語

番号	用語	定義	対応英語（参考）
3101	実線	連続した線。 ――――――――――――	continuous line
3102	破線	一定の間隔で短い線の要素が規則的に繰り返される線。 ― ― ― ― ― ― ― ― ― ―	dashed line
3104	点線	ごく短い線の要素をわずかな間隔で並べた線。 …………………………………	dotted line
3105	一点鎖線	長及び極短（ダッシュ）2種類の長さの線の要素が交互に繰り返される線。 ――-――-――-――-――	long dashed short dashed line
3106	二点鎖線	長及び極短（ダッシュ）2種類の長さの線の要素が、長・極短・極短の順に繰り返される線。 ――--――--――--――	long dashed double-short dashed line

3107	一点短鎖線	短及び極短（ドット）の２種類の長さの線の要素が順に繰り返される線。	dashed dotted line
3108	二点短鎖線	短及び極短（ドット）の２種類の長さの線の要素が、短・極短・極短の順に繰り返される線。	dashed double-dotted line
3116	ジグザグ線	直線と稲妻形を組み合わせた線。	continuous narrow line with zigzags
3117	細線(ほそせん)	図形・図・図面を構成している線の中で、相対的に細い線。	narrow line
3118	太線（ふとせん)	図形・図・図面を構成している線の中で、相対的に太い線。 備考　細線の２倍の太さとする。	wide line
3119	極太線 (ごくぶとせん)	図形・図・図面を構成している線の中で、必要があって特に太く描いた線。 備考　太線の２倍の太さとする。	extra wide line
3120	外形線	対象物の見える部分の形を表す線。	visible outline
3121	かくれ線	対象物の見えない部分の形を表す線。	hidden outline
3122	中心線	中心を示す線。	centre line
3123	対称中心線	対称図形の対称軸を表す線。	line of symmetry
3125	重心線	軸に垂直な断面の重心を連ねた線。	centroidal line
3126	破断線	対象物の一部分を仮に取り除いた場合の境界を表す線。	line of limit of partial or interrupted view and section
3127	切断線	断面図を描く場合、その切断位置を対応する図に表す線。	line of cutting plane
3131	等高線	表面を表すために、地形投影において上又は下の基準水平面のあらかじめ決めた高さでの水平面の交点。 備考　等高線は、適切な測定単位で、等高は単独又は複数である。	level contour line
3133	寸法線	対象物の寸法を記入するために、その長さ又は角度を測定する方向に並行に引く線。	dimension line
3134	寸法補助線	寸法線を記入するために図形から引き出す線。	projection lines
3135	引出線	記述・記号などを示すために引き出す線。	leader line
3136	基準線	特に位置決定のよりどころであることを示す線。	reference line, datum line
3137	水準面線	水面、液面などの位置を表す線。	line of water level

1-3-3-3 投影法に関する用語

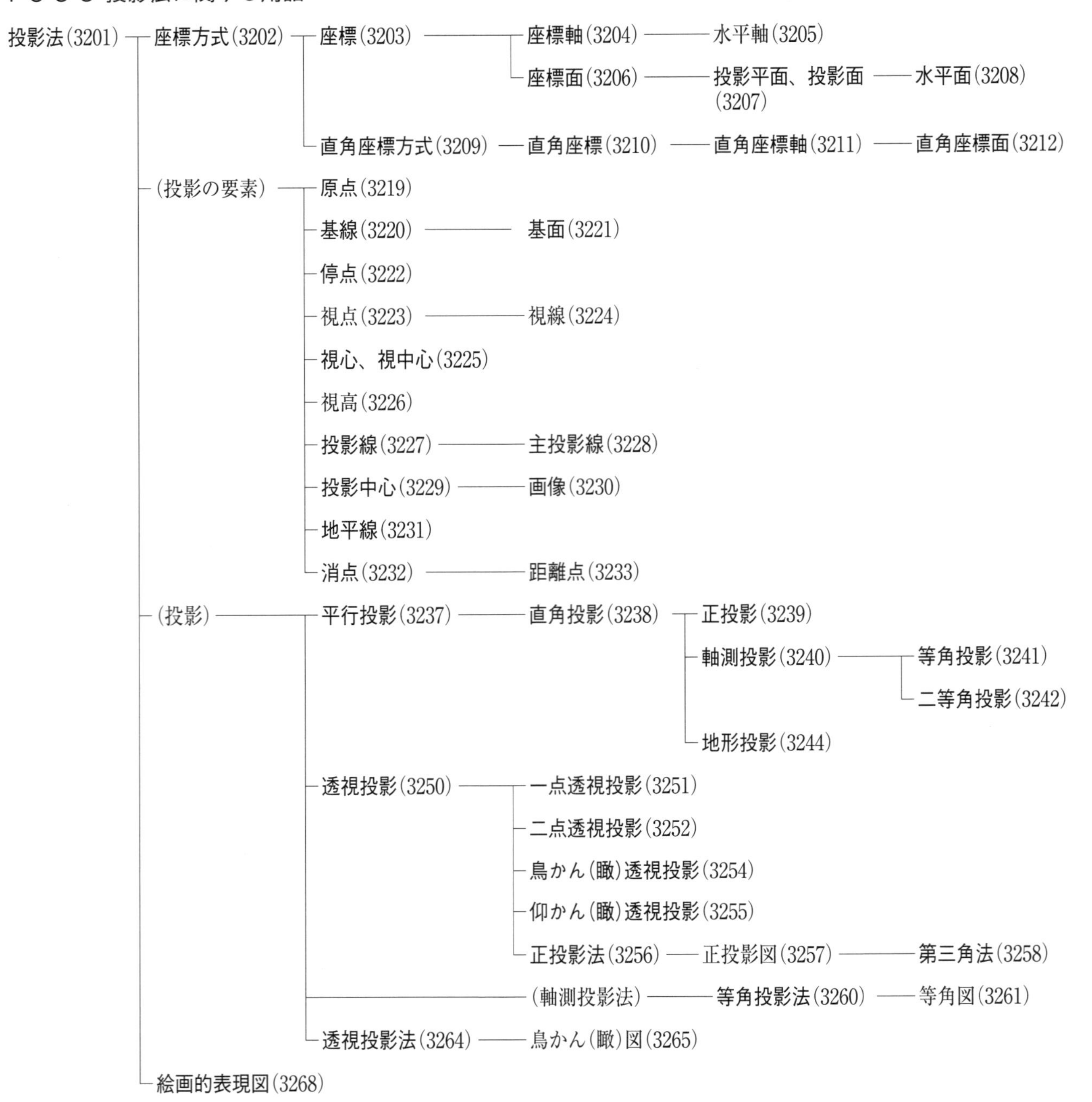

表 1-5 投影法に関する用語

番号	用語	定義	対応英語(参考)
3201	投影法	三次元の対象物を二次元画像に変換するために用いる規則。投影中心法又は投影平面法を前提としている。	projection method
3202	座標方式	空間にあるそれぞれの点の間の関係と三つの対応する座標を規定するための根拠。そして逆もまた同様である。 参考　この用語は、直角座標の意味にしばしば用いられる。	coordinate system
3203	座標	座標方式で、各点の位置を明確に与える決められた数値（それらに対応する大きさの単位で）の組合せ。 参考　この用語は、直角座標の意味にしばしば用いられる。	coordinates
3204	座標軸	原点で交差する空間の三つの参照直線。これで座標方式を形づくる。 参考　この用語は、直角座標軸の意味にしばしば用いられる。	coordinate axes
3205	水平軸	水平を示すための基準となる座標軸。	horizon
3206	座標面	任意の二つの座標軸によって規定される三つの面の各々。 参考　この用語は、直角座標面の意味にしばしば用いられる。	coordinate plane

3207	投影平面、 投影面	対象物の画像を得るために、対象物が投影される平面。	projection plane
3208	水平面	投影中心を通る水平な面。	horizon plane
3209	直角座標方式	同じ点(原点)から始まる三つの互いに直角な軸(直角座標軸)の関係とそれらの大きさの単位による表し方を基にした座標方式。	rectangular coordinate system
3210	直角座標	直角座標方式で、空間の点の与えられた条件での三つの直角座標の点から座標面までの距離。 備考　通常は、単純に座標という。	rectangular coordinates
3211	直角座標軸	直角に交差する座標軸。 備考　通常は、単純に座標軸という。	rectangular coordinate axes
3212	直角座標面	直角に交差する座標面。 備考　通常は、単純に座標面という。	rectangular coordinate planes
3219	原点	座標軸の交点。	origin
3220	基線	基面と投影面とが交差する線。	basic line, ground line
3221	基面(きめん)	観察者が立っている水平面。	basic plane, ground plane
3222	停点	視点から基面に下した垂線の足。 参考　立点と呼ぶ場合がある。	point of view
3223	視点	対象物を投影するときの目の位置。	observer's eye, eye point
3224	視線	視点と空間にある点とを結ぶ線及びその延長線。	line of sight
3225	視心、 視中心	主投影線と投影面との交点。投影平面に直交するすべての直線(奥行き方向の線)の消点となる。	main point
3226	視高（しこう）	投影の高さ。	height of projection
3227	投影線	投影中心からの視点と対象物上の点とを通って表示される直線。投影平面でのその交点は、対象物のその点の投影を示す。	projection line
3228	主投影線	視点を通り、垂直の投影面及び視心において直交する水平な投影線。	main projection line
3229	投影中心	すべての投影線が始まる点。	projection centre
3230	画像	技術的な製図のある形式で描かれた情報の表現。一般に、いずれかが特定な投影図法又は図形に関係する。	representation
3231	地平線	水平面と鉛直投影面とが交差する線。すべての水平な直線の消点の幾何学的位置を表す。	horizon line, horizontal line
3232	消点	平行な直線が透視投影において、一点に集まる点。すべての平行な直線が、無限遠の距離で一点で集まる想像上の点。	vanishing point
3233	距離点	投影面と45°の角度をなす平行な水平線の作る二つの消点。	distance point
3237	平行投影	投影中心が無限遠に置かれ、すべての投影線を平行にする投影の方法。	parallel projection
3238	直角投影	投影線が投影面を直角によぎる平行投影。	right projection
3239	正投影	すべての投影線が投影平面で直角によぎる平行投影。	orthogronal projection
3240	軸測投影	単一の平面上における対象物の平行投影。	axonometric representation
3241	等角投影	どの投影線も、三つの座標軸と同じ角度を保ちながら、単一の投影面上に対象物を正投影すること。投影面は、座標軸と同じ角度で交わるので、三つの軸上の尺度はすべて同じである (monometric projection)。 35°16′ だ円 長軸 縮み率1.0 Y軸 縮み率0.82 X軸 縮み率0.82 120° 120° 120° 30° 30° Z軸 縮み率0.82	isometric axonometry

3242	二等角投影	二つの座標軸上の尺度が同一で、第三の軸の尺度が異なるように、対象物を単一の投影面上に平行投影した表現。 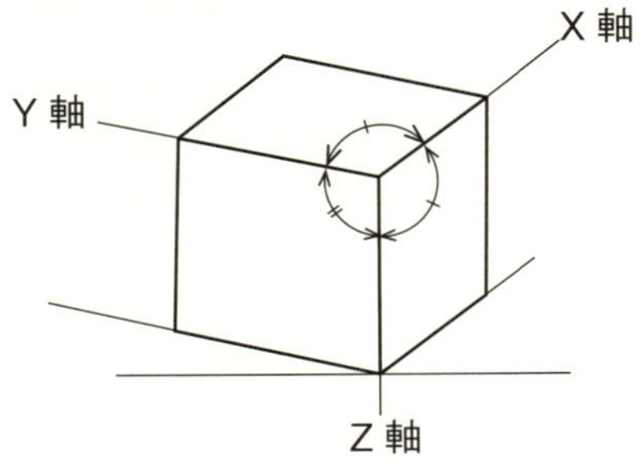 X 軸 Y 軸 Z 軸	dimetric projection
3244	地形投影	表面を表すために、等しい水平な面の断面の交点の水平投影面上の正投影。個々の交点は、基準水平面に関して交点の標高を含む等高線で示す。	topographical projection
3250	透視投影	投影面からある距離にある視点と対象物の各点とを結んだ投影線が投影面をよぎる投影。 備考 1. 一般には、一つの投影面で表す。 2. これによって描いた図を透視投影図という。	perspective projection, central projection
3251	一点透視投影	対象物の一つの面が、投影面に平行なときの、透視投影表現(perspective representation)。	one-point perspective
3252	二点透視投影	投影面が鉛直で対象物の垂直の面が投影面に対し傾斜しており、水平の面が投影面に対し直角な透視投影。	two-point perspective
3254	鳥かん(瞰)透視投影	投影面が水平で視点が投影面より上にある一点透視投影。	bird's eye perspective, bird's eye view
3255	仰かん(瞰)透視投影	投影面が水平で視点が投影面より下にある一点透視投影。	frog's eye perspective
3256	正投影法	正座標面に一致又は平行な一つ以上の投影面上に、座標面に対して平行なその主要平面に直角に置いた対象物の正投影。これらの投影平面は、製図用紙上に都合のよいように回してあるので、対象物の投影図は互いに対称に置かれる。	orthographical representation
3257	正投影図	正投影法によって描いた図	orthographical drawing
3258	第三角法	一つの対象物の主投影図のまわりに、その対象物のその他の五つの投影図のいくつか又はすべてを配置して描く正投影。主投影図を基準にして、その他の投影図は、次のように配置する。 — 上側からの投影図は、上側に置く。 — 下側からの投影図は、下側に置く。 — 左側からの投影図は、左側に置く。 — 右側からの投影図は、右側に置く。 — 裏側からの投影図は、右側又は左側に置く。 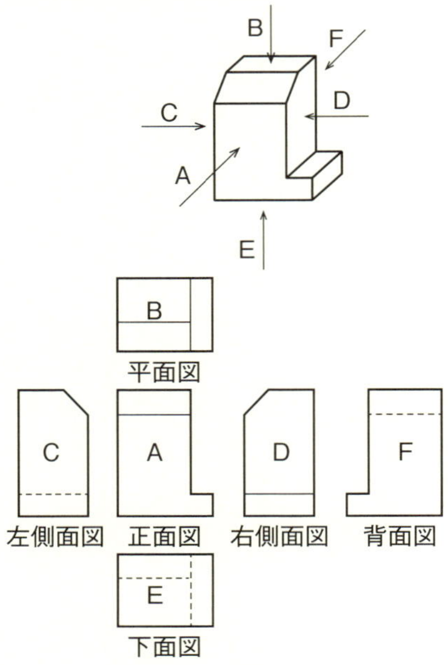 B F C D A E B 平面図 C 左側面図 A 正面図 D 右側面図 F 背面図 E 下面図	third angle projection (method)

3260	**等角投影法**	三つの座標軸上の尺度が同一であるように、対象物を単一の投影面上に平行投影した表現。	monometric projection (method)
3261	等角図	等角投影によって対象物を描くとき、座標軸上の長さが実長になるような方法で描いた図。 35°16′ だ円 長軸 縮み率 1.22 Y 軸 縮み率 1.0 X 軸 縮み率 1.0 120° 120° 120° 30° 30° Z 軸 縮み率 1.0	isometric drawing
3264	**透視投影法**	対象物を投影面（通常は鉛直面）に中心透視投影した表現。	perspective representation
3265	鳥かん(瞰)図	視点の位置を高くとった一点透視投影図。 参考　投影面は、垂直面や傾斜面であることが一般的であり、水平面の場合には、むしろ特殊である。	bird's eye view
3268	**絵画的表現図**	対象物の実際に見える形を技術的又は芸術的に表した二次元表示。製図の分野では、軸測投影及び透視投影が、透視投影及び分解立体図と同様に、絵画的表現であると考える。	pictorial drawing

1-3-3-4 図形に関する用語

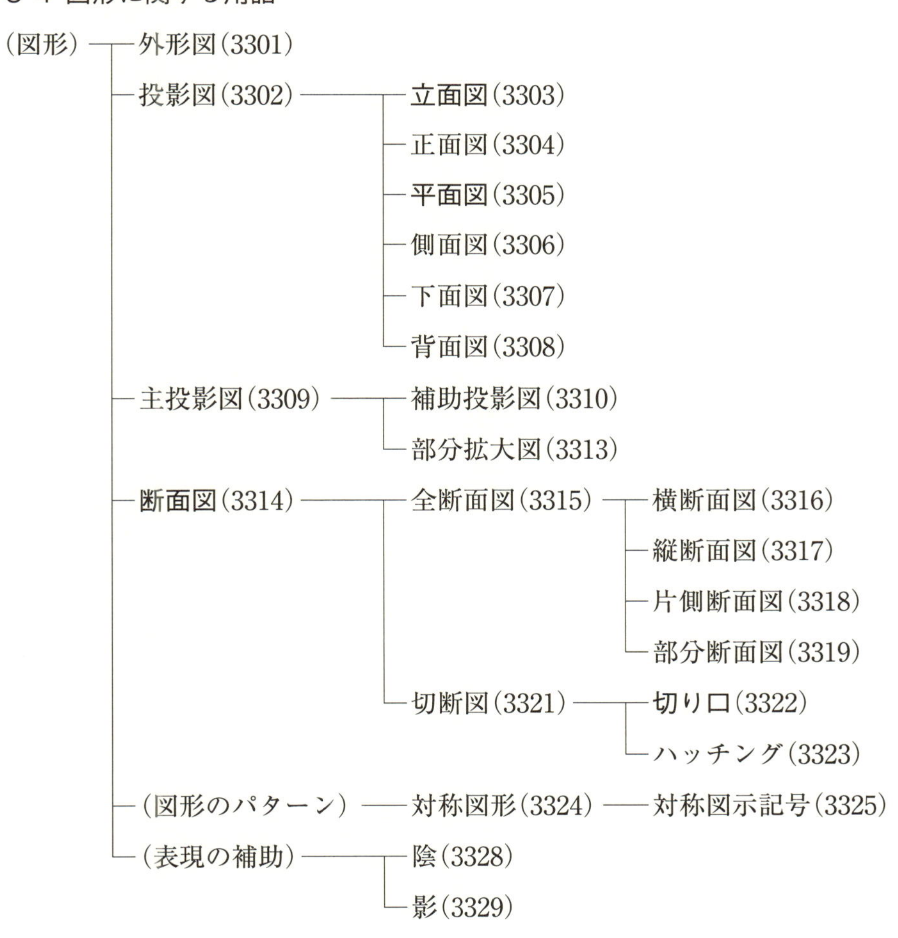

表 1-6 図形に関する用語

番号	用語	定義	対応英語(参考)
3301	外形図	対象物の外形を描いた図。	full view
3302	投影図	投影法によって描いた図。	projection view
3303	立面図	鉛直面への投影図（土木部門、建築部門）。	elevation
3304	正面図	対象物の正面とした方向からの投影図（3258 の図参照）。立面図ともいう（建築部門）。	front view, front elevation
3305	平面図	対象物の上面とした方向からの投影図又は水平断面図(3258 の図参照)。 参考　上面図（top view）という場合がある。	plan
3306	側面図	対象物の側面とした方向からの投影図（3258 の図参照）。	side view, side elevation
3307	下面図	対象物の下面とした方向からの投影図（3258 の図参照）。	bottom view
3308	背面図	対象物の背面とした方向からの投影図（3258 の図参照）。	rear view, back elevation
3309	主投影図	対象物の形・機能の特徴を最も明瞭に表すように選んだ投影図。	principal view
3310	補助投影図	対象物の正座標系と異なる座標系に描いた投影図。 参考　一般的には斜面に対向する位置に描いた投影図。 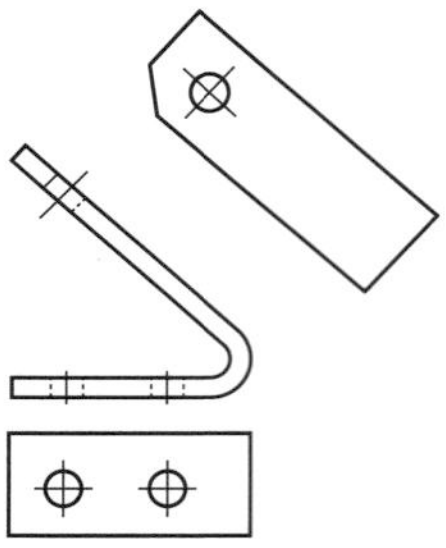	relevant view, auxiliary view
3313	部分拡大図	図の特定部分だけを拡大して、その図に描き添えた図。 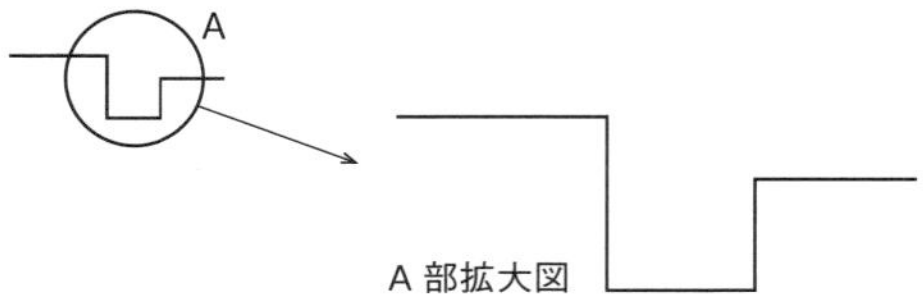 A A 部拡大図	elements on larger scale
3314	断面図	対象物を仮に切断し、その手前側を取り除いて描いた図。切り口に加えて、切断面の向こう側の外形を示す。	cut, sectional view
3315	全断面図	対象物を一平面の切断面で切断して得られる断面図を省くことなく描いた図。 	full sectional view, full section
3316	横断面図	長手方向に垂直な断面を示す断面図。	drawing of cross section, cross-sectional view, lateral profile
3317	縦断面図	a）長手方向の断面図。 b）河川・道路・鉄道などに沿い、それを展開して高さなどを示す断面図（土木部門）。	drawing of longitudinal section, longitudinal section profile
3318	片側断面図	対称中心線を境にして、外形図の半分と全断面図の半分とを組み合わせて描いた図。	half sectional view (half section)
3319	部分断面図	図形の大部分を外形図とし、必要とする要所の一部分だけを断面図として表した図。 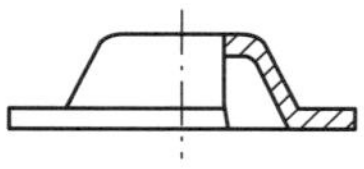	local sectional view (local section)

3321	切断面	切断図を描くときに、対象物を仮に切断する面。	cutting plane
3322	切り口	一つ以上の切断面上における対象の輪郭だけを示す図形。	section
3323	ハッチング	切り口などを明示する目的で、その面上に施す平行線の群。	hatching
3324	対称図形	中心線に対し、対称になっている図形。	symmetrical part
3325	対称図示記号	対称図形の片側だけを描いた場合、その対称中心線の両端に記入する2本の平行な線。	—
3328	陰	不透明な立体に光を当てたとき、その立体にできる暗部。 備考　陰の縁を示す線を陰線という。 光束 陰線 陰 影 影線	shade
3329	影	立体の陰を投影面に投影したもの（3328 の図参照）。 備考　影の輪郭を影線という。	shadow

1-3-3-5 寸法などに関する用語

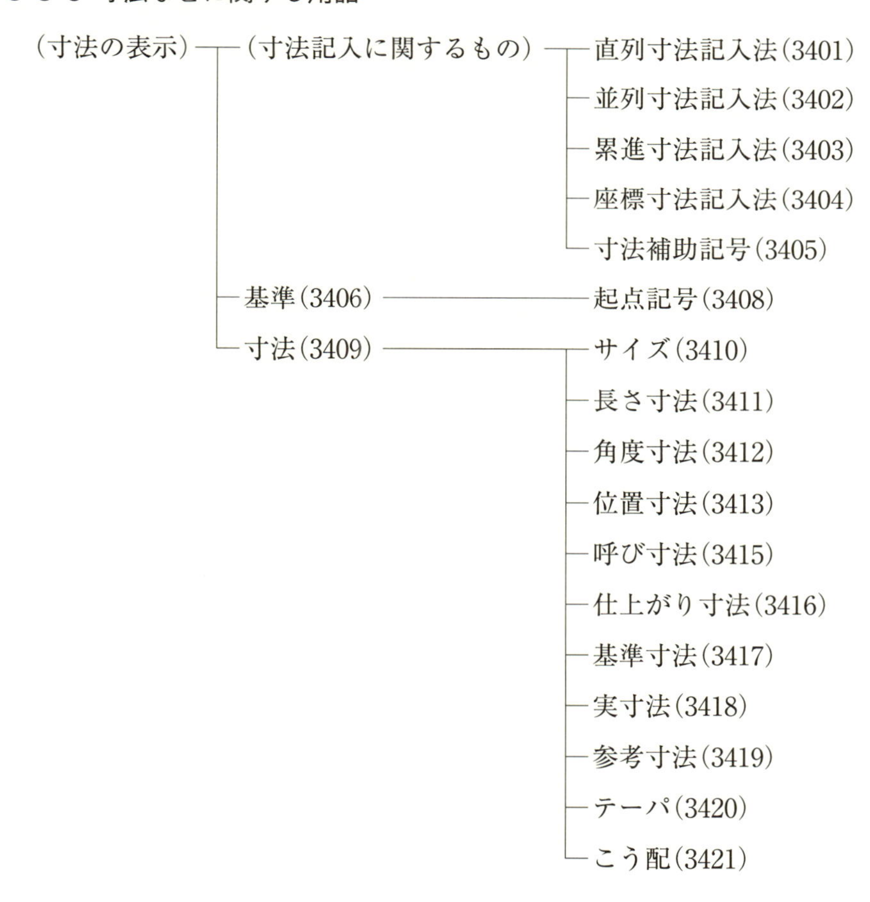

表 1-7 寸法などに関する用語

番号	用語	定義	対応英語(参考)
3401	直列寸法記入法	個々の部分の寸法を、それぞれ次から次に記入する方法。 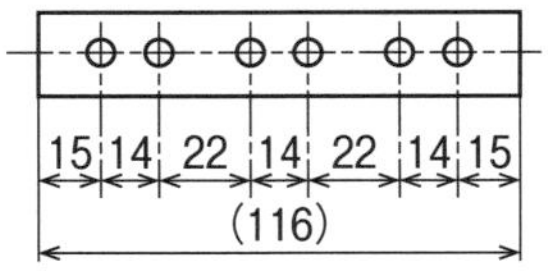	chain dimensioning
3402	並列寸法記入法	基準となる部分からの個々の部分の寸法を、寸法線を並べて記入する方法。 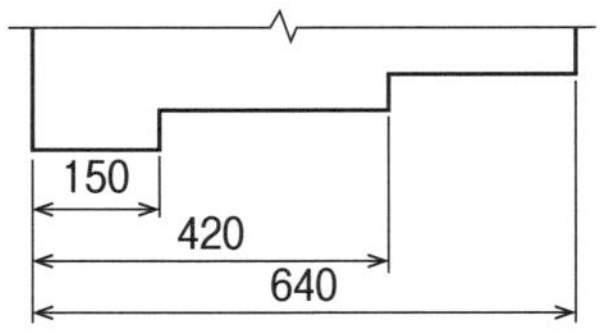	parallel dimensioning
3403	累進寸法記入法	基準となる部分からの個々の部分の寸法を、共通の寸法線を用いて記入する方法。 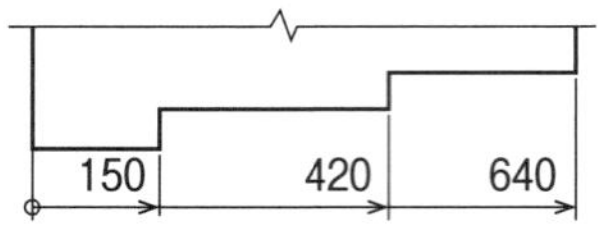	superimposed running dimensioning
3404	座標寸法記入法	個々の点の位置を表す寸法を、座標によって記入する方法。 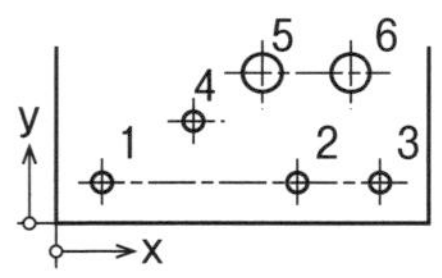	dimensioning by coordinates, coordinate dimensioning

	x	y	φ		x	y	φ
1	20	20	13.5	4	60	60	13.5
2	140	20	13.5	5	100	90	26
3	200	20	13.5	6	180	90	26

番号	用語	定義	対応英語(参考)
3405	寸法補助記号	寸法数値に付加して、その寸法の意味を明確にするために用いる記号。例えば、ϕ。	symbol for dimensioning
3406	基準	対象物の形・組立部品の位置などを決めるもとになる点、線又は面。	reference
3408	起点記号	累進寸法記入法及び座標寸法記入法における寸法 0 の点を表す記号。	symbol for origin
3409	寸法	決められた方向での、対象部分の長さ、距離、位置、角度、大きさを表す量。 参考　寸法には、長さ寸法、大きさ寸法、位置寸法、角度寸法などがある。	dimension
3410	サイズ	決められた単位・方法で表した大きさ寸法。	size
3411	長さ寸法	長さを表す寸法。	linear dimension
3412	角度寸法	角度を表す寸法。	angular dimension
3413	位置寸法	形体の位置を表す寸法。	positional dimension
3415	呼び寸法	対象物の大きさ、機能を代表する寸法。	nominal size
3416	仕上がり寸法	製作図で意図した加工を終わった状態の対象物がもつべき寸法。	finished dimension
3417	基準寸法	寸法の許容限界の基本となる寸法。	basic dimension, nominal dimension
3418	実寸法	仕上がった対象物の実際の寸法。	actual size
3419	参考寸法	図面の要求事項でなく、参考のために示す寸法。	auxiliary dimension, reference dimension

3420	テーパ	投影図又は断面図における相交わる 2 直線間の相対的な広がりの度合い。 L, φa, α, φb α＝テーパ角度 $\frac{a-b}{L}$＝テーパ比	taper
3421	こう配	投影図又は断面図における直線の、ある基準線に対する傾きの度合い。 L, a, b $\frac{a-b}{L}$＝こう配	slope

1-3-4 図面の名称に関する用語

1-3-4-1 用途による用語

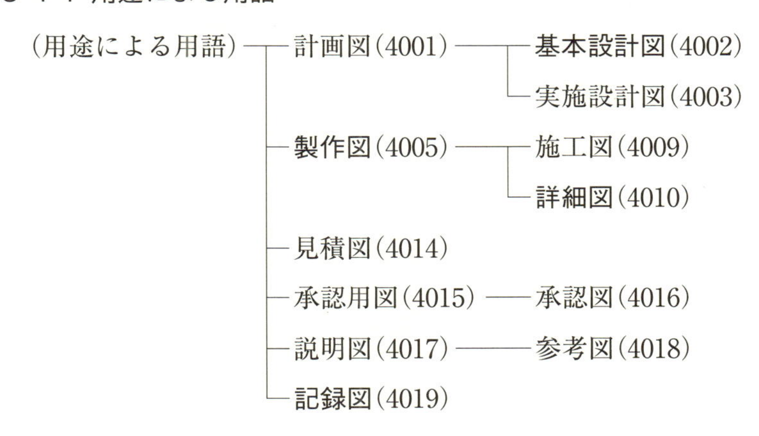

表 1-8 用途による用語

番号	用語	定義	対応英語(参考)
4001	計画図	設計の意図、計画を表した図面。	scheme drawing
4002	基本設計図	最終決定のための、及び／又は当事者間の検討のための基本として使用する図面。	draft drawing, preliminary drawing
4003	実施設計図	建造物を実際に建設するための設計を示す計画図(土木部門、建築部門)。	working drawing
4005	製作図	一般に設計データの基礎として確立され、製造に必要なすべての情報を示す図面。	production drawing
4009	施工図	現場施工を対象として描いた製作図(建築部門)。	working diagram
4010	詳細図	構造物、構成材の一部分について、その形、構造又は組立・結合の詳細を示す図面。一般に大きい尺度で描く。	detail drawing
4014	見積図	見積書に添えて、依頼者に見積内容を示す図面。	drawing for estimate, estimation drawing
4015	承認用図	注文書などの内容承認を求めるための図面。	drawing for approval
4016	承認図	注文者などが内容を承認した図面。	approved drawing
4017	説明図	構造・機能・性能などを説明するための図面。	explanatory drawing, explanation drawing
4018	参考図	製品製造の設備設計などの参考にするための図面。	reference drawing
4019	記録図	敷地、構造、構成組立品、部材の形・材料・状態などが完成に至るまでの詳細を記録するための図面。	as-built drawing, record drawing

1-3-4-2 表現形式による用語

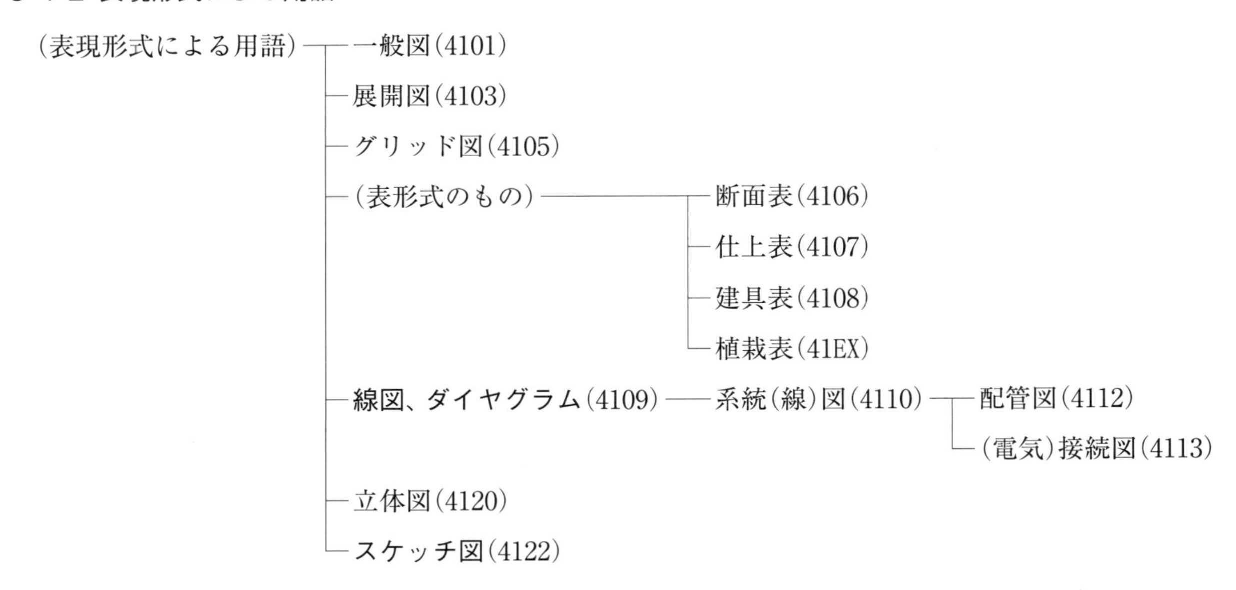

表 1-9 表現形式による用語

番号	用語	定義	対応英語(参考)
4101	一般図	構造物の平面図・立面図・断面図などによって、その形式・一般構造を表す図面（土木部門、建築部門）。 参考　かくれ線を用いないで描くのが普通である。	general drawing
4103	展開図	対象物を構成する面を平面に展開した図。	development
4105	グリッド図	グリッド（格子）を記入して、関係位置・モジュール寸法などが読み取れるようにした図面。	grid planning
4106	断面表	柱、はりの断面、形及び寸法を一括して示した表（建築部門）。	—
4107	仕上表	建物などの外部及び内部の仕上げを一括して示した表(建築部門)。	finish schedule
4108	建具表	建具の位置、姿図、記号、数量、仕上げ、金物などを一括して示した表（建築部門）。	door and window schedule
4109	線図、ダイヤグラム	図記号を用いて、システムの構成部分の機能及びそれらの関係を示す図面。	diagram
4110	系統(線)図	給水・排水・電力などの系統を示す線図。	system diagram
4112	配管図	構造物、装置における管の接続・配置の実態を示す系統図。	piping diagram, plumbing drawing
4113	(電気)接続図	図記号を用いて、電気回路の接続と機能を示す系統図。 参考　各構成部分の形、大きさ、位置などを考慮しないで図示をする。	electrical schematic diagram
4120	立体図	軸測投影、斜投影法又は透視投影法によって描いた図の総称。	single view drawing
4122	スケッチ図	フリーハンドで描かれ、必ずしも尺度に従わなくてもよい図面。	freehand drawing
41EX	植栽表	植栽樹木の形状寸法、数量などを一括して示した表。	plant list

1-3-4-3 内容による用語

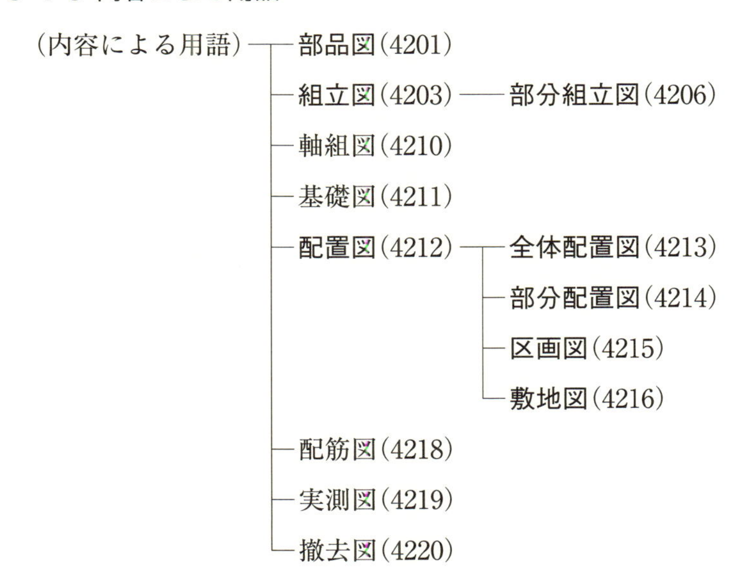

表 1-10 内容による用語

番号	用語	定義	対応英語（参考）
4201	部品図	部品を定義するうえで必要なすべての情報を含んだ、これ以上分解できない単一部品を示す図面。	part drawing
4203	組立図	部品の相対的な位置関係、組み立てられた部品の形状などを示す図面。	assembly drawing
4206	部分組立図	限定された複数の部品又は部品の集合体だけを表した部分的な構造を示す組立図。	sub-assembly drawing
4210	軸組図	鉄骨部材などの取付け位置、部材の形、寸法などを示した構造図。	framing elevation
4211	基礎図	構造物などの基礎を示す図又は図面。	foundation drawing
4212	配置図	地域内の建物の位置、機械などの据付け位置の詳細な情報を示す図面。	layout drawing, plot plan drawing
4213	全体配置図	場所、参照事項、規模を含めて、建造物の配置を示す図面。	general arrangement drawing
4214	部分配置図	全体配置図の中のある限定された部分を描いたもので、通常は拡大された尺度で描かれ補足的な情報を与える図面。	partial arrangement drawing
4215	区画図	都市計画などに関連させて、敷地、構造物の外形及び位置を示す図面。	block plan
4216	敷地図	建物を建造する場所、進入方法及び敷地の全般的なレイアウトに関連する建設工事のための位置を示すもので、各種供給施設、道路及び造成に関する情報も含まれる図面。	site plan
4218	配筋図	鉄筋の寸法と配置を示した図又は図面（土木部門、建築部門）。	bar arrangement drawing, bar scheduling
4219	実測図	地形・構造物などを実測して描いた図面（土木部門、建築部門）。	measured drawing, surveyed drawing
4220	撤去図	建物などで、既存の状態から取り壊して除去する部分が分かるように表した図面（建築部門）。	moderation drawing

1-3-5 図面管理に関する用語

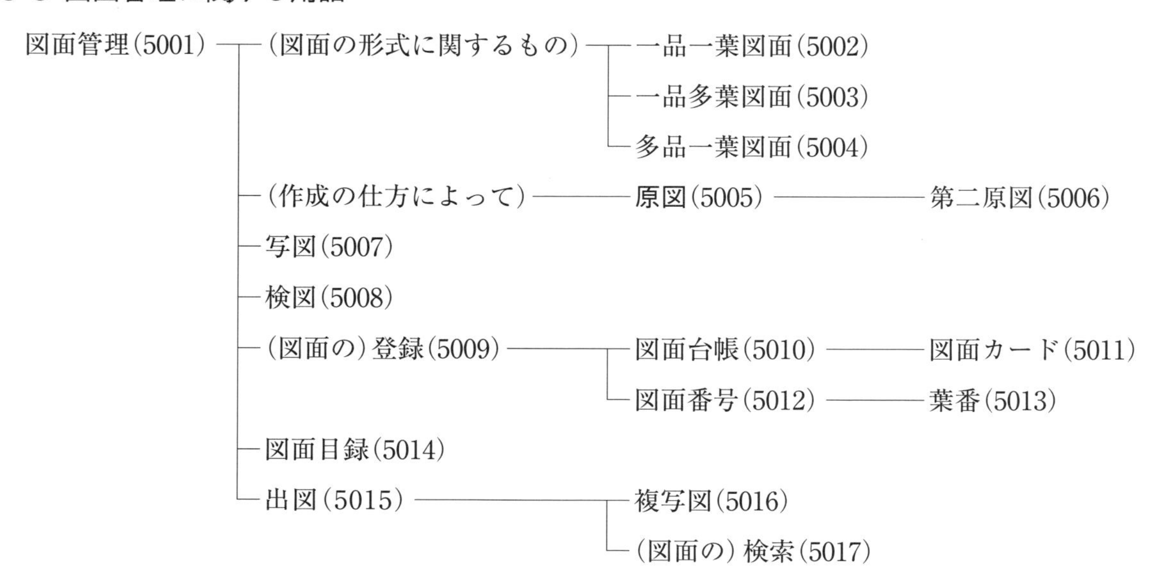

表 1-11 図面管理に関する用語

番号	用語	定義	対応英語(参考)
5001	図面管理	図面に関する業務の管理。 備考　図面（仕様書などを含む）に関する業務の内容を大別すると次のようになる。 a）原図の登録、保管、出納、廃却。 b）複写図の作成、編集、配布、回収、廃却。 c）図面の変更の手続き。	administration of drawings
5002	一品一葉図面	一つの部品又は組立品を１枚の製図用紙に描いた図面。	individual system drawing, one-part one sheet drawing
5003	一品多葉図面	一つの部品又は組立品を２枚以上の製図用紙に描いた図面。	multi-sheet drawing
5004	多品一葉図面	いくつかの部品、組立品などを１枚の製図用紙に描いた図面。	group system drawing, multi-part drawing
5005	原図	現在承認された情報又はデータを与え、かつ、最近の状態が記録・登録されている図面。	original drawing
5006	第二原図	原図を複写して作成した図、又は副原図。	—
5007	写図	図又は図面の上にトレース紙などを重ねて書き写す行為。	tracing
5008	検図	図面又は図を検査する行為。	check of drawing
5009	(図面の)登録	作成した図面を、図面管理部署が受け入れるときに、管理のための一手段として行う手続き。	registration of drawing
5010	図面台帳	図面を登録したことを記録する台帳。新しく登録する図面に与える番号は、この台帳から決まる。	drawings register
5011	図面カード	図面を管理するのに用いるカード。	drawing card
5012	図面番号	図面１枚ごとに付けた番号。	drawing number
5013	葉番	一品多葉図の場合、その一葉ごとに区別するための番号。	sheet number
5014	図面目録	発行する図面の一覧表で、図面番号・図名などを表にしたもの。	drawings list
5015	出図	登録した図面を発行する行為。	release of drawing
5016	複写図	原図から複写によって作成した図面、もしくはデータからハードコピー又はソフトコピーによって作成した図面。	duplicated drawing
5017	(図面の)検索	保管してある図面から必要とする図面を定められた手続きによって取り出す行為。	retrieval (of technical drawing)

第２章
エクステリア製図の基本的、共通的な規定

2-1 図面の構成

2-1-1 一般事項

この規格は、JIS Z 8310、JIS Z 8311、JIS Z 8312、JIS Z 8313 群、JIS Z 8314、JIS Z 8315 群、JIS Z 8316、JIS Z 8317-1 を基本としながら、エクステリア製図に関する共通、かつ、基本的な事項について規定する。

2-1-2 製図用紙

2-1-2-1 用紙のサイズの選び方・呼び方

原図には、必要とする明りょうさ及び細かさを保つことができる最小の用紙を用いる。また、その用紙サイズは、JIS P 0138 のA列規格用紙を優先する（表 2-1）（図 2-1）。

表 2-1 A シリーズの仕上寸法（単位：mm）

呼び方	寸法
A0	841×1,189
A1	594× 841
A2	420× 594
A3	297× 420
A4	210× 297

注）呼び方は後に番号がついた記号によって示す。記号 A は寸法のシリーズを示し、番号 0 から始まる基本寸法を分割した数を示す。例えば、呼び方 A4 は、A0 を 4 分割して得られる寸法である。

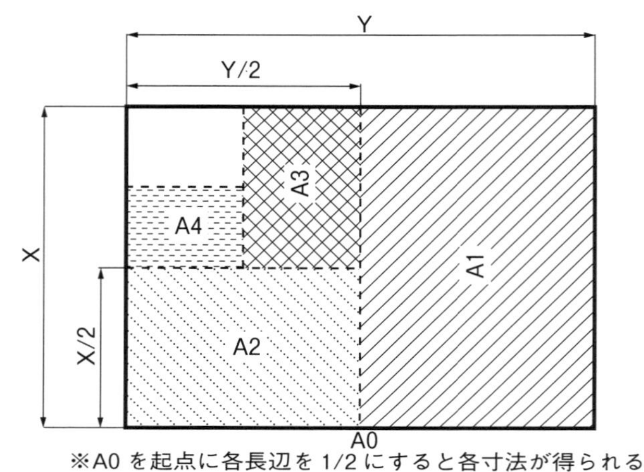

図 2-1 A シリーズ寸法（単位：mm）

2-1-2-2 製図用紙の向き

製図用紙は長辺を横方向に置くことを原則とする（これを正位とする）。ただし、A4 用紙は、長辺を縦方向に置く。

2-1-3 図面の様式

2-1-3-1 輪郭及び輪郭線

a）用紙の縁と、図を描く領域を限定する枠とによって囲まれた輪郭は、すべてのサイズの図面に設けなければならない。

b）輪郭の幅は、A0、A1 サイズに対して最小 20mm、A2、A3、A4 サイズに対して最小 10㎜以上であることが望ましい（輪郭の目的は、複写の際のつかみ代として十分な値として）。

c）図面にとじ代を設ける場合は、輪郭を含めて 20mm 以上のとじ代幅を、表題欄から最も遠い左の端に置く。

d）輪郭線は、太さ 0.5mm 以上の実線とする。

2-1-3-2 表題欄

a）表題欄の位置は、輪郭線の右下隅に置く。

b）表題欄には図面番号、図名及び図面の法的所有者、尺度、図面作成年月日、作成者、責任者の署名などを示す欄を設ける。

c）表題欄の大きさは、最大 170mm 以下とする。

2-1-3-3 中心マーク

複写の際の図面の位置決めに便利なように、すべての図面に、4 個の中心マークを設けなければならない。中心マークは、最小 0.5mm の太さの直線で、製図用紙の縁から輪郭線の内側約 5mm まで伸ばす（図 2-2）（図 2-3）。

2-1-3-4 方向マーク

製図板上の製図用紙の向きを示すために、2 個の方向マークを設けてもよい。方向マークには、製図用紙の長辺側に 1 つ、短辺側に 1 つ、それぞれの中心マークに一致させて、輪郭線を横切って置くのがよい。方向マークの 1 つが、常に製図者を指すようにする（図 2-3）。

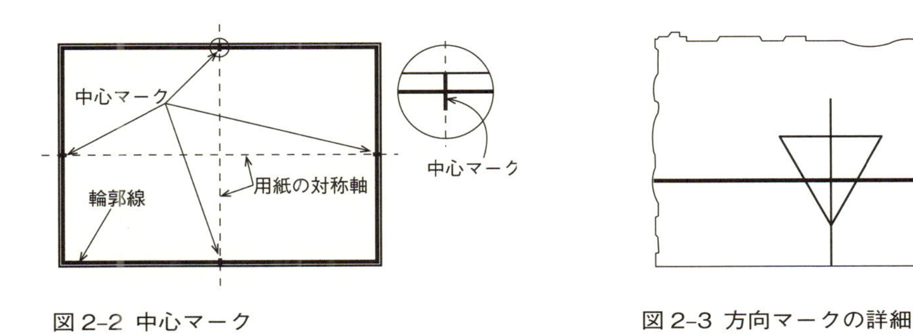

図 2-2 中心マーク

図 2-3 方向マークの詳細

2-1-3-5 簡易なエクステリアの図面様式の例

表題欄、中心マーク。方向マークを配置した用紙の例を次図に示した（図 2-4）。

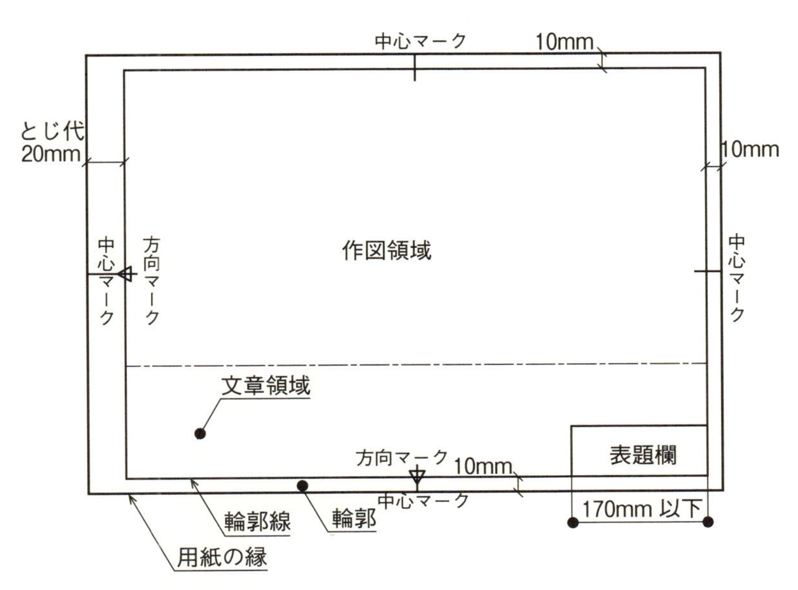

図 2-4 表題欄、輪郭、とじ代、中心・方向マークを配置した一般的用紙

2-1-4 多くの文章を記入する場合の図面のレイアウト

2-1-4-1 レイアウトの例

図面以外に、多くの文章による情報を記入する必要がある場合は、図 2-5、図 2-6 のように製図用紙を、製図領域、文章領域、表題欄領域の 3 つに分けることができる。

作図内容により、文章領域を右側端に配置する場合は、表題欄と同じ幅と等しく最大 170mm 以下とし、最小 100mm とする（図 2-5）。

また、図が全幅を占める場合は、文章領域を下側端に配置する（図 2-6）。

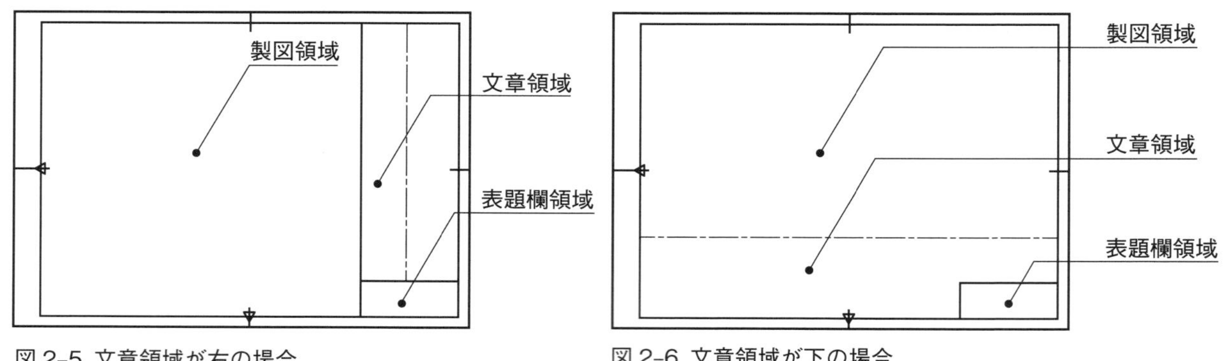

図 2-5 文章領域が右の場合　　図 2-6 文章領域が下の場合

2-1-4-2 製図領域

図面が複数の場合は、横及び縦に並べる。主要な図面がある場合には、その図は左上に配置する（平面図、立面図など、又は各立面図が複数ある場合）。

製図の際には、製図用紙を A4 に折りたたむ際にできる折り目に、図がかからないようにできるだけ配慮する。

2-1-4-3 文章領域

製図領域の図の近くに書かれた文章を除き、図面全体の内容を理解するために必要な情報を記入する。文章領域では、次のような情報を記入する。

a）説明事項：図面を読むのに必要な情報。例えば特殊記号、名称、寸法の単位など。
b）指示事項：製図領域で示された情報の補足。
c）参照事項：補足図面及び他の文書に関する情報。
d）位置図：必要に応じて、計画全体の中の図の領域など。
e）来歴欄：第一版からの訂正、修正のすべてを記録する。
- 変更の識別
- 変更に関する詳細
- 変更した日付け
- 変更に責任ある人の署名

f）来歴欄の位置
- 来歴欄が表題の直上に配置される場合は、表題の幅。
- 来歴欄が表題の横に配置される場合は、表題近くまで横長に無駄なく使用する。
- 来歴欄に用いる一行高さは最小 5mm とし、明瞭に読める文字の大きさとする（図 2-7）。

2. 門扉、フェンス色合わせからメーカー変更→○○○製品の変更	2015/01/15	㊞
1. 門袖柱（化粧ブロック積→ジョリパット塗り仕上げ） 人工木デッキ寸法（間口 1.5 間→間口 2 間）	2014/12/05	㊞
設計変更箇所及び変更内容	変更年月日	責任者印

図 2-7 来歴の例

2-1-4-4 文章領域に来歴を配置した例

設計変更回数が多くなっているエクステリア図のレイアウト例を次に示す（図2-8)。

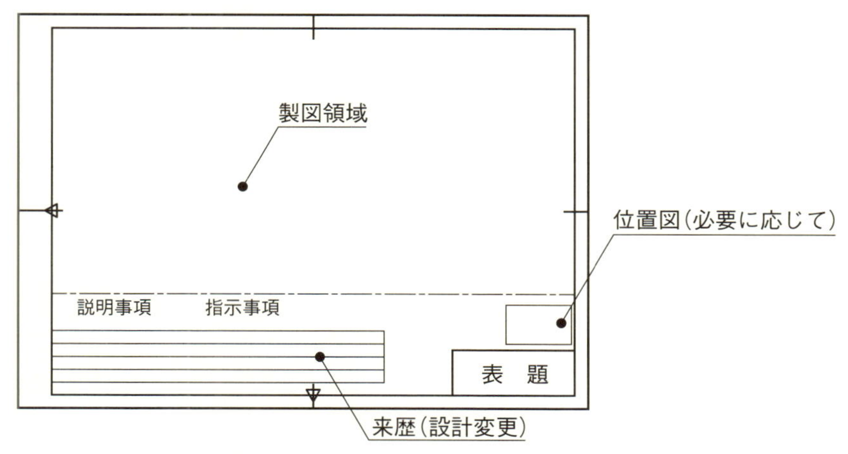

図2-8 文章領域の配置例

2-1-5 方位の記入

図面の方位は、北を上方として方位記号を記入する。ただし、敷地形状及び作図上の理由によって、北以外の方位を上方とすることができる。

2-1-6 図面の折り方

2-1-6-1 一般事項

JIS P 0138に規定するAシリーズの内、エクステリア製図でよく用いられる図面の大きさA2、A3の複写した図面及び関連文書を、A4の大きさに折りたたむ時の標準的な折り方について示す。

2-1-6-2 折り方 （図で、実線は山折り、破線は谷折りを示す。 単位：mm）

a) 基本折り

複写図を、一般的に折りたたむ方法で、その大きさは、A4の大きさとする。

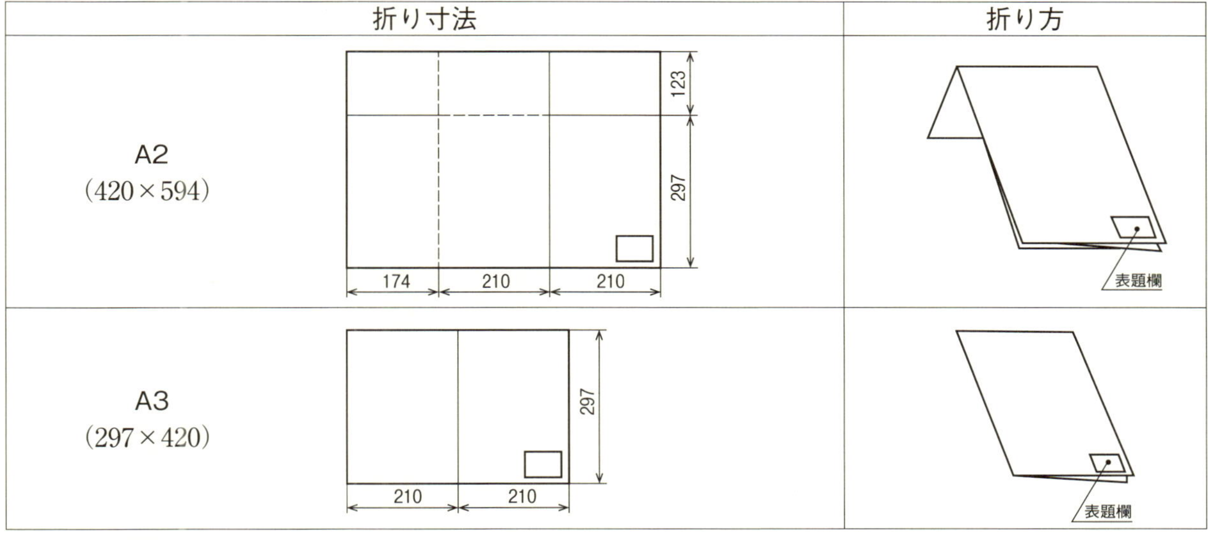

図2-9 基本折り

b）ファイル折り

複写図を、とじ代を設けて折りたたむ方法で、その大きさは、A4 の大きさにする。

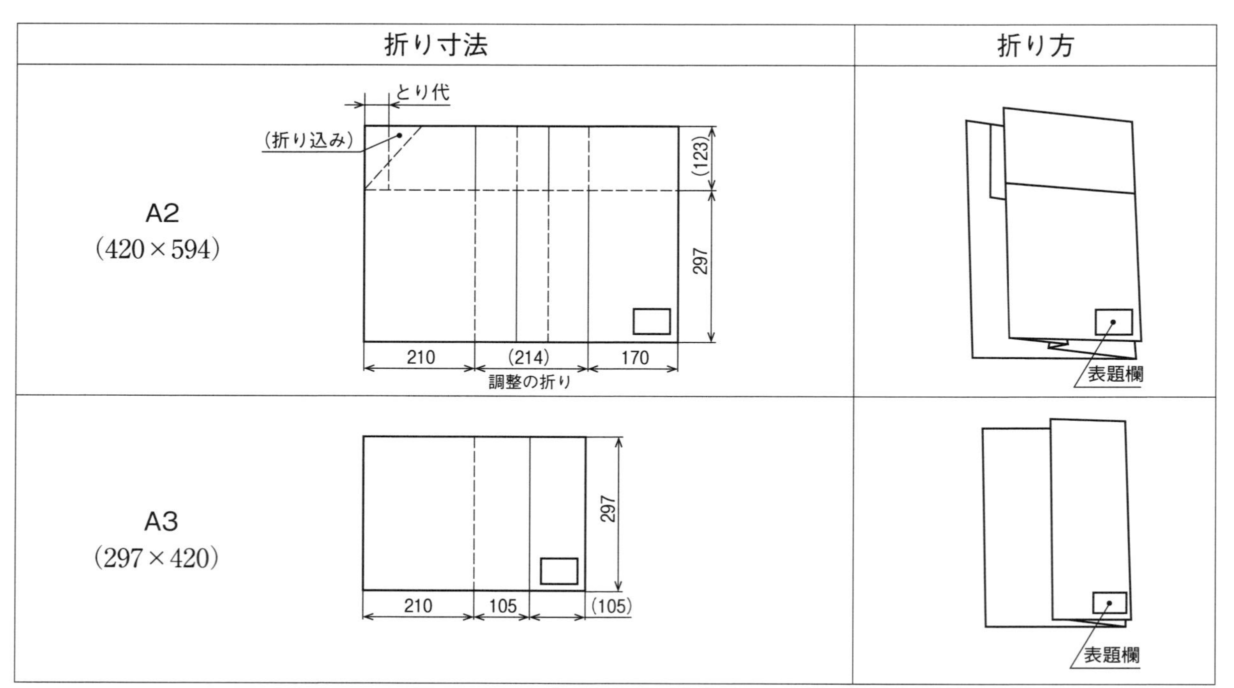

備考 1. とり代は一般に切り取るが、 製本しない場合、又は、とり代部分を図面の一部として使用している場合には、図中の“(折り込み)”のように、折り込んでもよい。

備考 2. A2 の場合、調整の折りがないことがある。

図 2-10 ファイル折り

c）図面袋折り

複写図を、主にとじ穴のある A4 の袋の大きさに入るように折りたたむ方法で、その大きさは A4 の大きさとする。

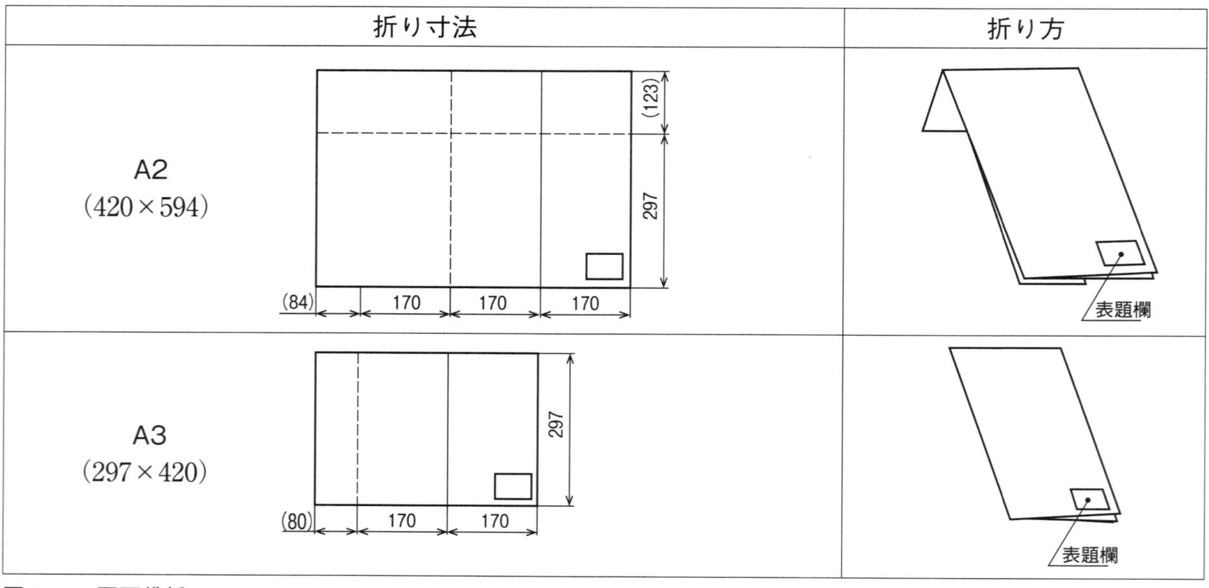

図 2-11 図面袋折り

2-1-7 とじ穴

とじ穴は、次に示す3種類とする。

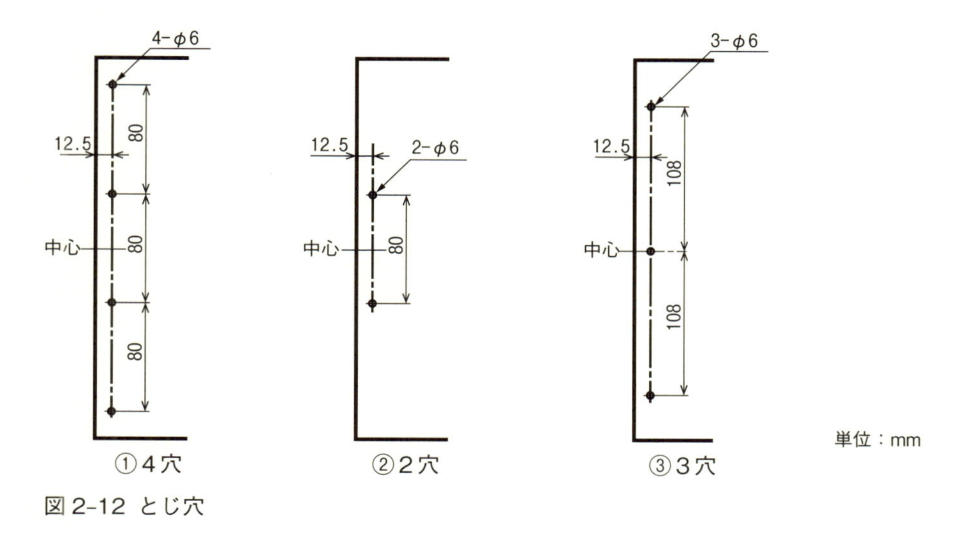

図2-12 とじ穴

2-1-8 図面の折り方の注意事項

a）図面の表題欄は、すべての折り方について、最上面の右下に位置して読めるようにしなければならない。

b）折りの手順は、特に定めない。

c）基本折りに、とじ代の部分（みみ）を付け加える場合には、とじ代の部分の幅を含み、最大230mm×297mm（A4の幅＋20mm）とする。

備考 原図は、折りたたまないのが普通である。原図を巻いて保管する場合には、その内径は40mm以上にするのがよい。

※ JIS Z 8311 付属書 には、折り方の寸法許容差が記入されているが、ここでは省略した。

2-2 文字

図面には、図形を説明するための文字が書かれるが、文字は図形と同様に、1字1字が正確に読めるように、また、図面に適した大きさで、そろえて書くことが必要である（企業等では、図面のマイクロフィルム化が広く行われているため、それに適した書き方を行うことも必要である）。

文字は、JIS Z 8313 によって規定されている。

2-2-1 文字に関する一般事項

a）読みやすい。

製図に使用する文字は、一字一字が正確に読めるように明瞭にはっきり書く。鉛筆書きの文字は、図形を表した線の濃度をそろえて書く。

b）均一である。

同じ大きさの文字は、その線の幅をなるべくそろえる。

c）マイクロフィルム撮影及び他の写真複写に適している。

図面をマイクロフィイルムに撮影したり他の写真複写を利用する場合に、はっきり読めるように文字と文字とのすき間をあける。

2-2-2 文字の種類

製図に用いる文字の規定 JIS Z 8313 には、第0部:通則、第1部:ローマ字、数字及び記号、第2部:ギリシャ文字、第5部:CAD 用文字、数字及び記号、第10部:平仮名、片仮名及び漢字の5部が定められている（第3部、第4部は、その他の文字及び記号にあてられる予定）。

2-2-2-1 ローマ字、数字及び記号

a）これらの文字の大きさは、大文字の高さ h を基準とし、その大きさは、次の標準値から選ぶ。

h = 2.5、 3.5、 5、 7、 10、 14、 20 （単位：mm）

（2.5mm 未満であってはならない）

b）文字の線の太さ d を、この文字の高さ h の 1/14 としたもの（$d=h/14$) を A 形書体、1/10 としたもの（$d=h/10$）を B 形書体という。これらは、線の太さの種類が最も少なくなり、経済的である（表 2-2）（表 2-3）。これらの文字は、直立体でも、右に 15° 傾けた斜体でもよい（図 2-13）。

表 2-2 A 形書体の寸法　　単位：mm

区分		比率	寸法							
文字の高さ	h	(14/14)h	1.8	2.5	3.5	5	7	10	14	20
小文字の高さ（x- ハイト [0]）	c_1	(10/14)h	1.3	1.8	2.5	3.5	5	7	10	14
小文字の尾部	c_2	(4/14)h	0.5	0.72	1.0	1.43	2	2.8	4	5.7
小文字の柄部	c_3	(4/14)h	0.5	0.72	1.0	1.43	2	2.8	4	5.7
ダイヤクリティカルマークの領域（大文字）	f	(5/14)h	0.64	0.89	1.25	1.78	2.5	3.6	5	7
文字間のすき間	a	(2/14)h	0.26	0.36	0.5	0.7	1	1.4	2	2.8
ベースラインの最小ピッチ [1]	b_1	(25/14)h	3.2	4.46	6.25	8.9	12.5	17.8	25	35.7
ベースラインの最小ピッチ [2]	b_2	(21/14)h	2.73	3.78	5.25	7.35	10.5	14.7	21	29.4
ベースラインの最小ピッチ [3]	b_3	(17/14)h	2.21	3.06	4.25	5.95	8.5	11.9	17	23.8
単語間のすき間	e	(6/14)h	0.78	1.08	1.5	2.1	3	4.2	6	8.4
線の太さ	d	(1/14)h	0.13[4]	0.18[4]	0.25	0.35[4]	0.5	0.7[4]	1	1.4[4]

注[0]　柄部又は尾部がない小文字（acemnorsuvwxz）の高さ

[1]　字形：ダイヤクリティカルマーク付きの大文字及び小文字

[2]　字形：ダイヤクリティカルマークがない大文字及び小文字

[3]　字形：大文字だけ

[4]　丸めた値：c_1 ～ e の値は、d の丸めた値から算出してある。

備考 例えば、LA 及び TV のような２文字間のすき間 a は、見栄えがよくなるならば、半分に縮小してもよい。この場合、線の太さ d に等しくする。

表 2-3 B 形書体の寸法

単位：mm

区分		比率	寸法							
文字の高さ	h	(10/10)h	1.8	2.5	3.5	5	7	10	14	20
小文字の高さ（x- ハイト[0]）	c_1	(7/10)h	1.26	1.75	2.5[4]	3.5	5[4]	7	10[4]	14
小文字の尾部	c_2	(3/10)h	0.54	0.75	1.05	1.5	2.1	3	4.2	6
小文字の柄部	c_3	(3/10)h	0.54	0.75	1.05	1.5	2.1	3	4.2	6.7
ダイヤクリティカルマークの領域（大文字）	f	(4/10)h	0.72	1	1.4	2	2.8	4	5.6	8
文字間のすき間	a	(2/10)h	0.36	0.5	0.7	1	1.4	2	2.8	4
ベースラインの最小ピッチ[1]	b_1	(19/10)h	3.42	4.75	6.65	9.5	13.3	19	26.6	38
ベースラインの最小ピッチ[2]	b_2	(15/10)h	2.7	3.75	5.25	7.5	10.5	15	21	30
ベースラインの最小ピッチ[3]	b_3	(13/10)h	2.34	3.25	4.55	6.5	9.1	13	18.2	26
単語間のすき間	e	(6/10)h	1.08	1.5	2.1	3	4.2	6	8.4	12
線の太さ	d	(1/10)h	0.18	0.25	0.35	0.5	0.7	1	1.4	2

注[0] 柄部又は尾部がない小文字（acemnorsuvwxz）の高さ
[1] 字形：ダイヤクリティカルマーク付きの大文字及び小文字
[2] 字形：ダイヤクリティカルマークがない大文字及び小文字
[3] 字形：大文字だけ
[4] 丸めた値

備考 例えば、LA 及び TV のような２文字間のすき間 a は、見栄えがよくなるならば、半分に縮小してもよい。この場合には、a は線の太さ d に等しくする。

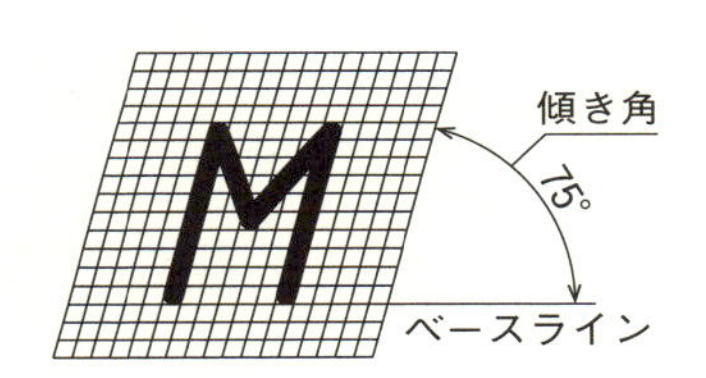

図 2-13 斜体文字の角度

図 2-14 文字の大きさの呼び

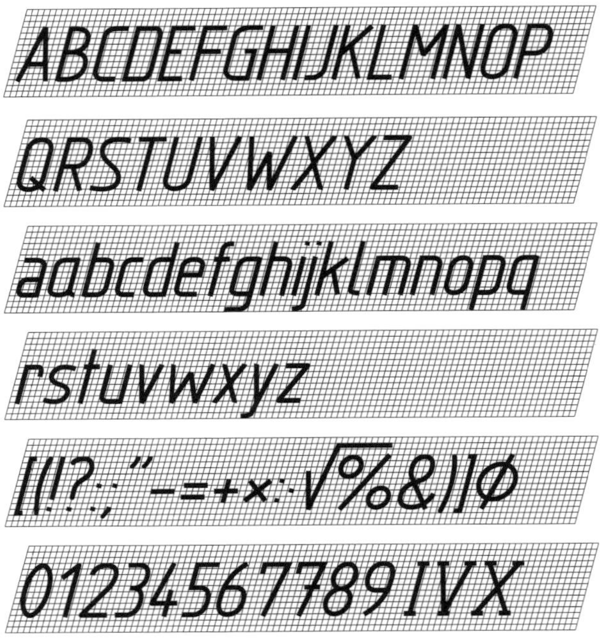

ABCDEFGHIJKLMNOP
QRSTUVWXYZ
aabcdefghijklmnopq
rstuvwxyz
[(!?:;"−=+×:·√%&)]ϕ
0123456777 89 IVX

図 2-15 A 形斜体文字の書体

ABCDEFGHIJKLMNOP
QRSTUVWXYZ
aabcdefghijklmnopq
rstuvwxyz
[(!?:;"−=+×:·√%&)]ϕ
0123456777 89 IVX

図 2-16 A 形直立体文字の書体

ABCDEFGHIJKLMNOP
QRSTUVWXYZ
aabcdefghijklmnopq
rstuvwxyz
[(!?:;"−=+×:·√%&)]ϕ
0123456777 89 IVX

図 2-17 B 形斜体文字の書体

ABCDEFGHIJKLMNOP
QRSTUVWXYZ
aabcdefghijklmnopq
rstuvwxyz
[(!?:;"−=+×:·√%&)]ϕ
0123456777 89 IVX

図 2-18 B 形直立体文字の書体

※ JIS Z 8313-2（ギリシャ文字）、JIS Z 8313-5（CAD 用文字、数字及び記号）については規格通りなので省略。

2-2-2-2 平仮名、片仮名及び漢字

a）漢字は、常用漢字表（昭和 56 年 10 月 1 日内閣告示第 1 号）によるのがよい。ただし、16 画以上の漢字はできる限り仮名書きとする。漢字の例を図 2-19 付図 1 に示す。

b）仮名は平仮名又は片仮名のいずれかを用い、一連の図面においては混用はしない。ただし、外来語の表記に片仮名を用いることは混用とはみなさない。平仮名の例を図 2-19 付図 2 に、片仮名の例を図 2-19 付図 3 に示す。

c）文字の大きさは、一般に文字の外側輪郭が収まる基準枠の高さ h の呼びによって表す（図 2-19 参照）。
漢字（3.5）、5.0、7、10、14、20　mm
仮名（2.5）、3.5、5、7、10、14、20　mm
　なお、活字で既に大きさが決まっているものは、これに近い大きさで選ぶことが望ましい。上記の

うち、括弧をつけた大きさのものは、ある種の複写方法には適さないので、特に鉛筆書きの場合は注意する。

d）図面中の記述において、ほかの仮名に小さく添える拗（よう）音や、つまる音を表す促音など小書きにする仮名の大きさは、比率において 0.7 とする。

（漢字）：（仮名）：（ローマ字、数字及び記号）：1.4：1.0：1.0

e）文字の線の太さ d は、文字の呼び h に対して、漢字では 1/14、仮名では 1/10 とするのが望ましい。

f）図 2-19 に示すように、文字のすき間 a は、文字の線の太さ d の 2 倍以上（$a \geqq 2d$）、ベースラインのピッチ b は、用いている文字の最大の呼び h の 14/10 以上（$b \leqq 1.4h$）とするのがよい。

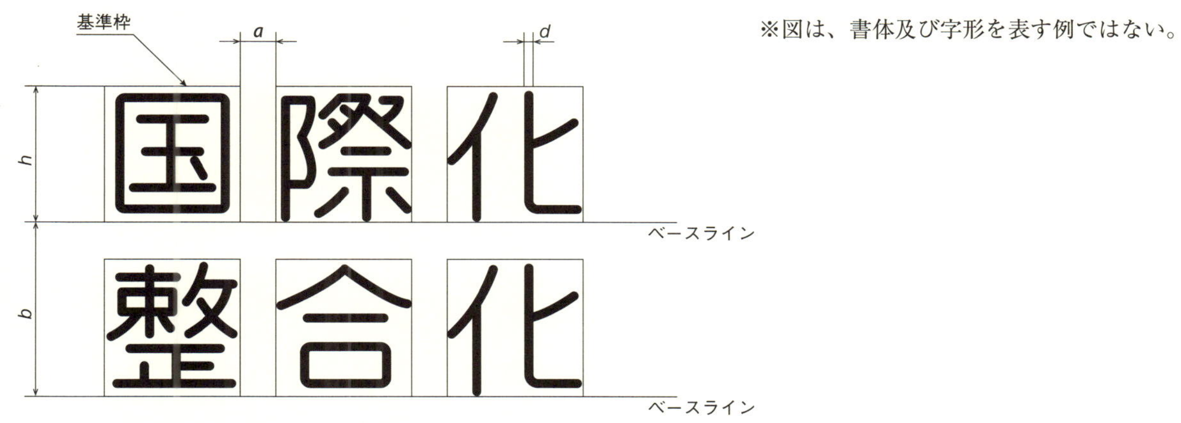

※図は、書体及び字形を表す例ではない。

図 2-19 文字間のすき間とベースラインのピッチ

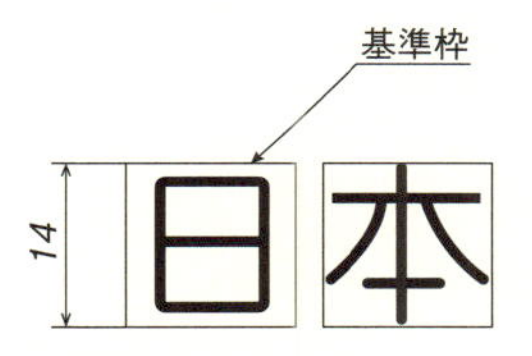

付図１
漢字の大きさ、線の太さ及び文字間のすき間（h = 14 mm の例）

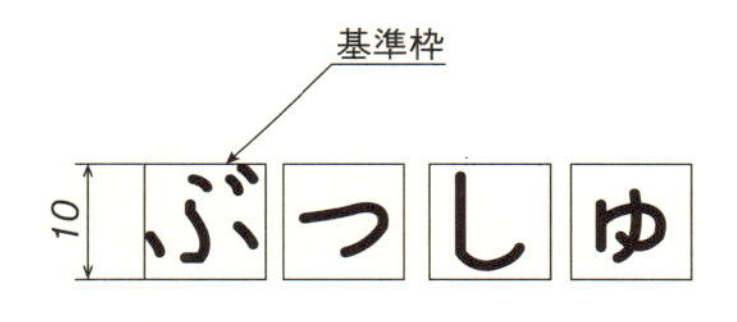

付図２
平仮名の大きさ、線の太さ及び文字間のすき間（h = 10 mm の例）

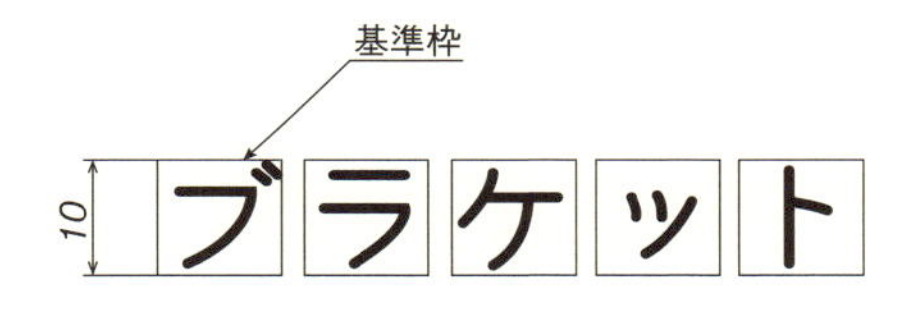

付図３
片仮名の大きさ、線の太さ及び文字間のすき間（h = 10 mm の例）

2-3 尺度

2-3-1 一般事項

尺度（scale）は、JIS Z 8314によって規定される。“対象物の実際の長さの寸法”に対する“原図に示した対象物の長さ寸法”の比、であると定義されている。

備考　複写図の尺度は、原図の尺度とは異なることがある。

2-3-2 尺度の表し方

現尺：対象物と等しい長さで図面を描く場合の尺度で、比が1：1の尺度。

倍尺：対象物よりも拡大した長さで図面を描く場合の尺度で、比が1：1より大きい尺度。比が大きくなれば、「尺度が大きくなる」という。

縮尺：対象物よりも縮小した長さで図面を描く場合の尺度で、比が1：1より小さい尺度。比が小さくなれば、「尺度が小さくなる」という。

もし誤読のおそれがない場合には、“尺度”の文字を省いてもよい。

参考　原国際規格では、“尺度”を“SCALE”又はその図面に用いる言語で同等のものとしている。

注意　従来1/100のように分数表記されていたが、ISO規格となり1：100という表記に変更された。

表示例　「SCALE＝1：100」「S＝1：100」「尺度＝1:100」

2-3-3 製図の尺度

エクステリア製図に用いる推奨尺度は、表2-4とする。やむを得ず、表に示された尺度を適用できない場合は、中間の尺度を選んでもよい。

表2-4 尺度（エクステリア製図の推奨尺度）

種別	推奨尺度		
倍尺	50：1	20：1	10：1
	5：1	2：1	
現尺	1：1		
縮尺	1：2	1：5	1：10
	1：20	1：50	1：100
	1：200		

2-3-4 図面への尺度の示し方

尺度は、図面の表題欄に記入する。一枚の図面にいくつかの尺度を用いる必要がある場合には、主となる図の尺度を表題欄に示し、そのほかのすべての尺度は、関係する図名の近くに示す。

2-3-5 尺度の選び方

a）尺度は、描かれる対象物の複雑さ、及び表現する目的に合うように選ぶ。すなわち、図面の大きさは、尺度と対象物の大きさとで決まる。

b）主な投影図の中の詳細部分が小さすぎて寸法を完全に示すことができない場合には、その部分を主な投影図の近くに部分拡大図（又は断面図）として示す。

2-3-6 大きい尺度の図面

小さい対象物を大きい尺度で描いた場合には、参考として、現尺の図を描き加えるのがよい。この場合には、現尺の図は、簡略化して対象物の輪郭だけを示してもよい。

2-4 線

2-4-1 一般事項

この規格は、ISO128-20を翻訳したJIS Z 8312に規定され、製図に使用する線の表示の一般原則、線の種類、名称及び線の構成を規定する。

2-4-2 線の種類

線の基本形（線形）は、表2-5による。

表2-5 線の種類（呼び方の［ ］内数字はJISの線形番号を示す）

呼び方	線の基本形（線形）	線の要素
(1) 実線［01］	────────	連続線
(2) 破線［02］	─ ─ ─ ─ ─ ─	“短線・すき間”
(3) 点線［07］	・・・・・・・・・・・・・・	“すき間・点・すき間”
(4) 一点鎖線［08］	──── ─ ──── ─ ─	“長線・すき間・短線・すき間”
(5) 二点鎖線［09］	──── ─ ─ ──── ─ ─	“長線・すき間・短線・すき間・短線・すき間”
(6) 一点短鎖線［10］	─・─・─・─・─	“長線・すき間・極短線・すき間”
(7) 二点短鎖線［12］	─・・─・・─・・─・・	“長線・すき間・極短線・すき間・極短線・すき間”
(8) 不規則、波形実線	〜〜〜〜	不規則屈折した連続線

注）太さ（d）0.35mmの場合。“ ”内は繰り返し
　　長さが線の太さの半分以下の線を点（dot）という。

2-4-3 線の寸法

2-4-3-1 線の太さ

すべての種類の線の太さdは、図面の大きさに応じて次の寸法のいずれかにする。1本の線の太さは、全長にわたって一様でなければならない。

0.13mm、0.18 mm、0.25 mm、0.35 mm、0.5 mm、0.7 mm、1 mm、1.4 mm、2 mm

この数列は公比を$\sqrt{2}$（約1.4）としている（備考　公比$\sqrt{2}$は、用紙サイズの標準数列［JIS P 0138］からきている）。製図の線は原則として、細線、太線、極太線の3種類でその比は、1：2：4とする。

2-4-3-2 線の要素の長さ

手書きによって図面を作成する場合には、線の要素の長さは表2-6による。

表2-6 線の要素の長さ（dは線の太さを示す）

線の要素	線形番号	長さ
点	04～07及び10～15	0.5d以下
すき間	02及び04～15	3d
極短線	08及び09	6d
短線	02、03及び10～15	12d
長線	04～06、08及び09	24d

2-4-4 線の間隔

平行な線の最小間隔は、他に規定がない限り、0.7 mmより狭くしてはならない。

2-4-5 線の交差

線の交差は、線分の部分で交差させる（図2-20 ①～⑥）。点線は、点の部分で交差させる（図2-20 ⑦）。

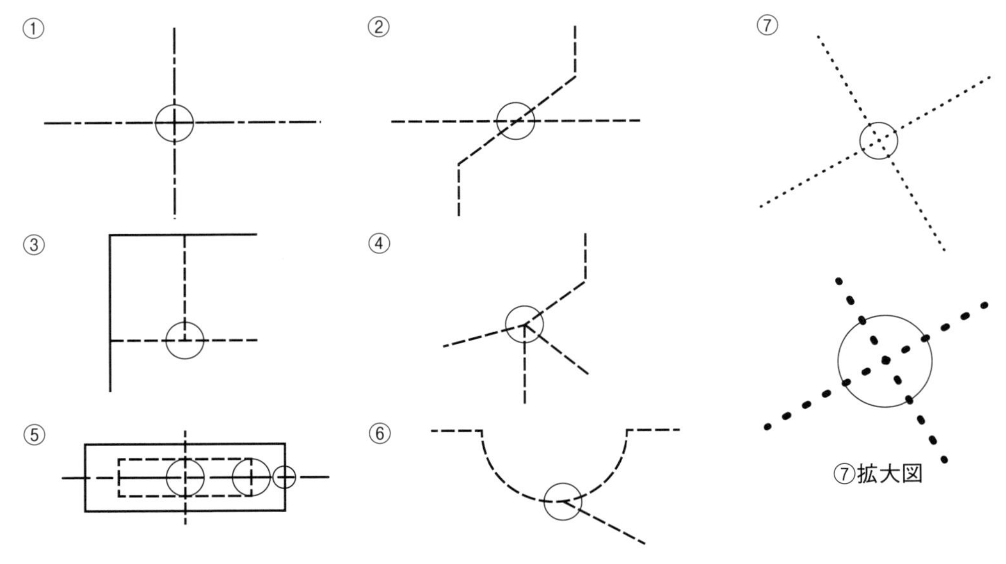

図 2-20 線の交差 ※○部分に注目

2-4-6 線の描き方

前記 2-4-5 で言う「線分の部分で交差させる」を満たすためには、線を交差する点から描き始めるか（図 2-21 ①）、または線分によって作られる完全な十字形（図 2-21 ②）もしくは、任意の交差形（図 2-21 ③）から描き始める。

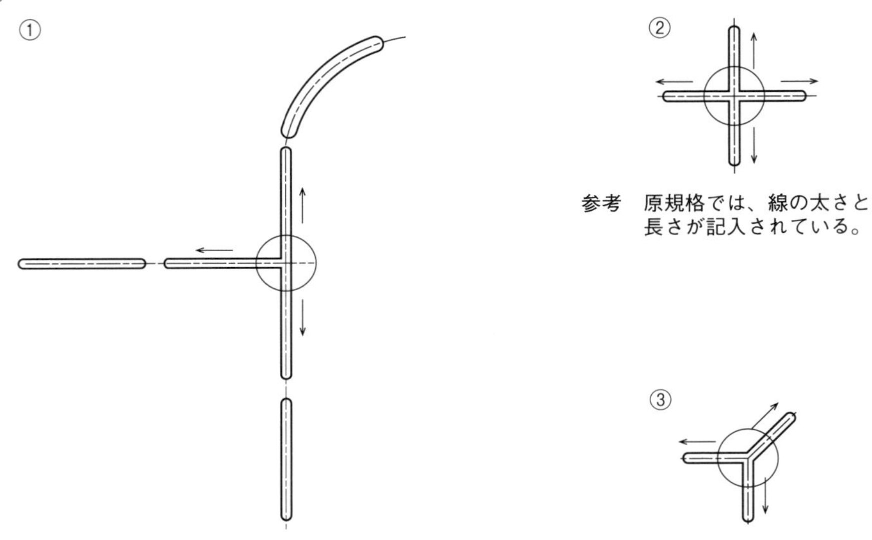

図 2-21 線の描き方 ※○部分に注目

2-4-7 平行線の 2 番目に描く線（副線）

二つの異なった 2 本の平行線の表示法は、2 番目の線を 1 番目に描いた線の下側又は右側に引く（図 2-22 ①が望ましい方法である）。

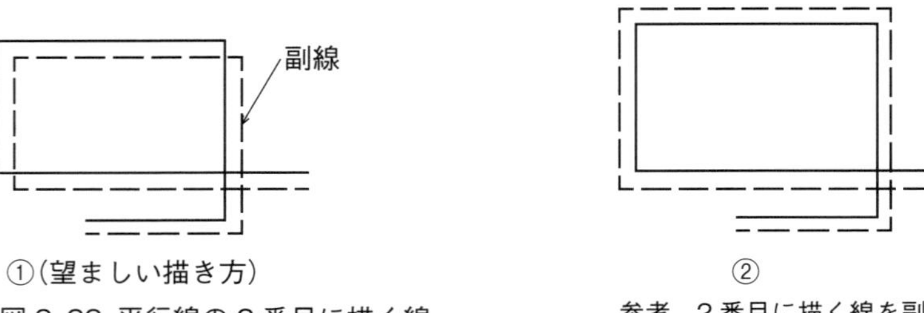

図 2-22 平行線の 2 番目に描く線

2-4-8 線の色

線は、背景の色に応じて黒色又は白色で描く。他の色を使用してもよいが、その場合には色の意味が説明されていなければならない。

2-4-9 線の用途

線の用途は、表2-7による。

表2-7 線の用途

線の種類		線の用途	
実線	太	外形線	対象物の見える部分の形状を表すのに用いる。
	細	寸法線	対象物の長さ、角度などの範囲を示すのに用いる。
		寸法補助線	寸法線を記入するために図形から引き出すのに用いる。
		引出線	記述・記号などを示すために引き出すのに用いる。
		回転断面線	図形内にその部分の切り口を90°回転して表すのに用いる。
		短い中心線	短い中心を示すのに用いる。
		水準面線	水面、液面などの位置を表すのに用いる。
		ハッチング	断面の切り口など、図形の限定された特定の部分を他の部分と区別するのに用いる。
破線	太・細	かくれ線 空中線	対象物の見えない部分、及び、空中部分の形状を表すのに用いる。
点線	細		破線と区別したいものを表すのに用いる。
一点短鎖線 一点鎖線	細	中心線	①図形の中心を表すのに用いる。 ②中心が移動する中心軌跡を表すのに用いる。
		基準線	特に位置決定のよりどころであることを明示するのに用いる。
		切断線	断面図を描く場合、その切断位置を対応する図に表すのに用いる。
		境界線	敷地境界を示すのに用いる。
	太	上記の線で特に区別したいものに用いる。	
二点短鎖線 二点鎖線	細	一点短鎖線と特に区別したいものに用いる。	
	太	上記の線で特に区別したいものに用いる。	
不規則波形実線	太	植栽線	樹木、灌木類の外形線に用いる。
波形の実線 ジグザグ線	細	破断線	対象物の一部を破った境界、又は、一部分を仮に取り除いた場合の境界を表すのに用いる。

注）不規則波形実線、波形の実線はフリーハンドで描く。又、ジグザグ線のジグザグ部分はフリーハンドで描いてもよい。

2-4-10 線の優先順位

重なる線の優先順位は次のとおりとする。

1. 外形線　2. かくれ線　3. 切断線　4. 中心線　5. 寸法補助線

（←―― 高い －－－－－－－－（優先度）－－－－－－－－ 低い ――→）

2-5 図形の表し方

2-5-1 一般事項

この規格は、ISO 128を元にJIS化されたJIS Z 8316と、JIS Z 8315-4によって規定された。

この規格は、正投影法による製図に適用される一般原則を規定する。

2-5-2 投影図と各投影図の名称

図2-23は、物体の一つの面だけを正投影で示したものであるが、これだけでは物体の一面を示したに過ぎず、その全般を知ることはできない。したがって、その全般を知るためには、図2-24に示すように、投影面Vのほかにいくつかの投影面を用意し、それぞれの面に投影を行い、これらを総合することによって、立体としての物体の形状を表現すればよいことになる。

いま、図2-24において、垂直投影面Vのほかに、これとそれぞれ直角に交わる水平投影面H、ならびに側投影面Pを用意し、これらの面に対して投影を行えば、それぞれの投影図が得られる。最初に用意した、垂直投影面Vに得られた投影図を正面図、水平投影面Hに得られた投影面を平面図、側投影面Pに得られた投影図を側面図（この場合は右側面図）という。

ただし、物体には、図2-25に示すように六つの面があって、上記のほか、左側、下側、後ろ側からも投影することができる。このようにして得られた投影図を、それぞれ左側面図、下面図、背面図という。

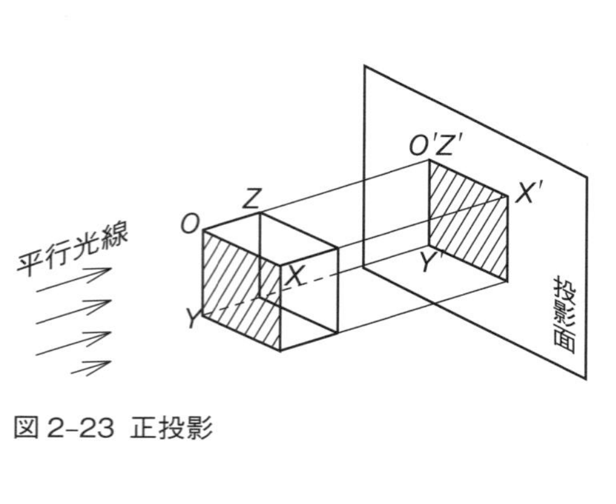

図2-23 正投影

垂直投影面
側投影面
正面図
側面図
V
P
平面図
水平投影面

図2-24 正面図・平面図・側面図

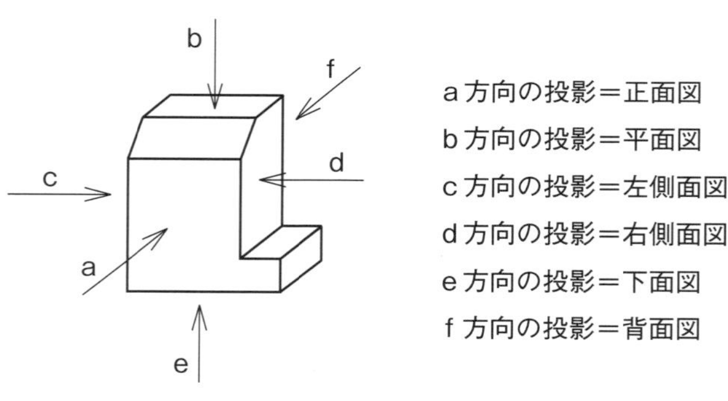

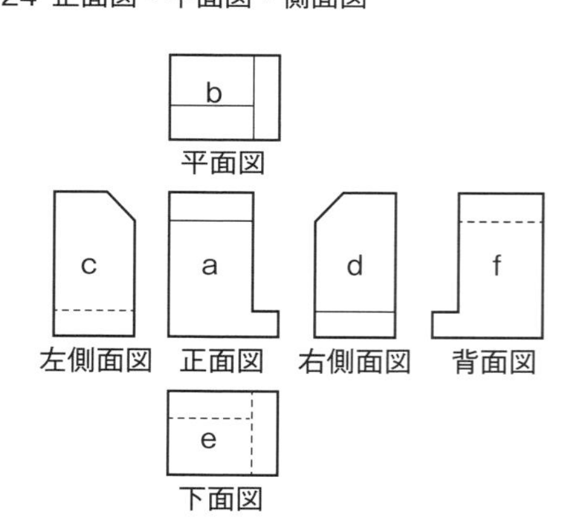

図2-25 投影図の名称と第三角法による配置

2-5-3 平面図、立面図

エクステリアの平面図では、水平投影図を基本とし、側面図、正面図をそれぞれ方位方向と合わせて立面図とする。

【作図要領】

①エクステリア製図では、主要投影図は平面図と立面図（正面図、側面図など）である。

②その図の配置は、第三角法（p.18 3258参照）に準拠しながら、主要投影図を見やすいように平面図、立面図、断面図の順に配置する。

2-5-4 透視図

透視図は、ISO 5456-4 を翻訳して JIS Z 8315-4 に規定されている。透視投影とは、投影面から有限の距離にある点（視点）から対象物を投影して、実物に近い絵画的な表現を与えるもので、特にエクステリア関係ではよく使用される。

2-5-4-1 透視図法の種類と例

透視投影の種類は、表現される対象物と投影面の位置によって分類される。ここでは、エクステリアでよく使用される主な図法を取り上げる。

2-5-4-2 一点透視投影法

一点透視投影法は、対象物の主面が、投影面に平行な場合の透視投影である。この方法では、投影面に平行な対象物の外形線及びりょう(稜)線は、すべて向きを変えない（水平な線は水平、垂直な線は垂直なままである)。投影面に直角なすべての線は、消点 V に収束する。この消点は、視心 C に一致する（図 2-26 ①)。

※消点法 A は、対象物が投影面に対して平行に置かれた場合であり、一点透視投影法と同じである。

2-5-4-3 二点透視投影法

a) 二点透視投影法は、対象物の外形線及びりょうの垂直部分が、投影面に平行な場合の透視投影法である。この方法では、投影図のすべての水平な線は、地平線上の相対する消点 V_1、V_2、V_3・・・に収束する（図 2-26 ②)。

b) 消点法 B は、対象物の水平面が垂直な投影面に対して置かれる場合である（対象物が、投影面に対して斜めの位置に置かれる)。したがって、水平面上の線は、投影面上の交点及び消点によって描くことができる（図 2-26 ③)。

※消点法 B は、二点透視投影法と同じである。

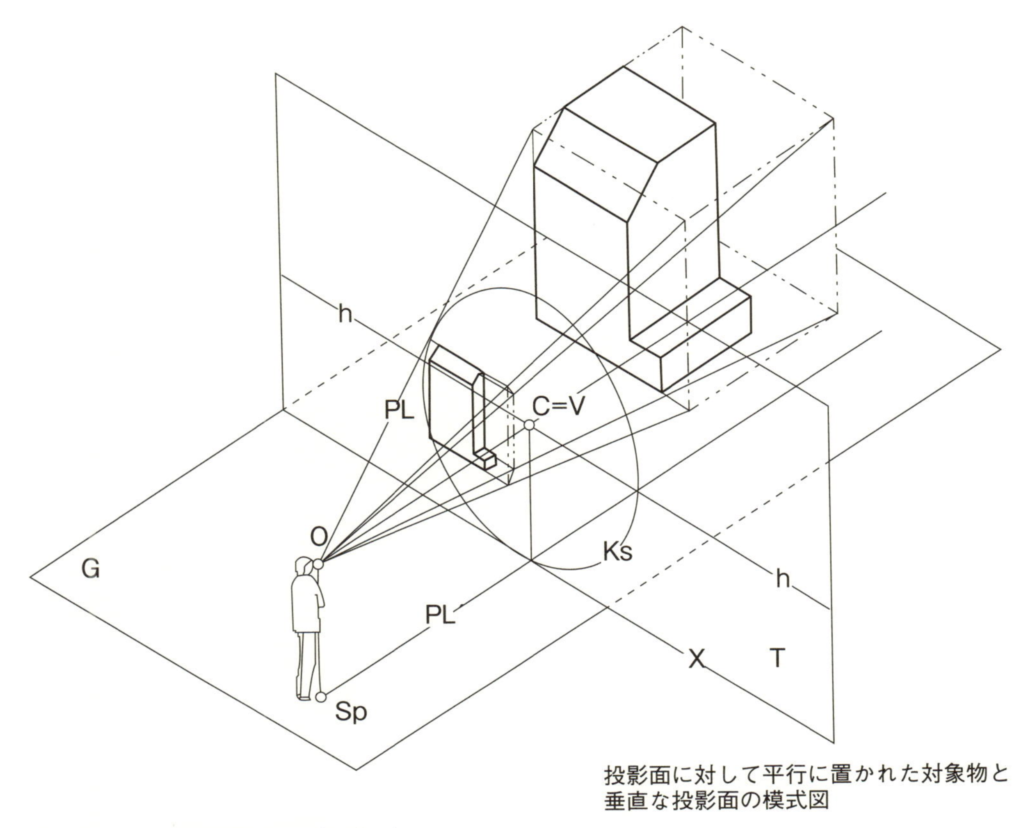

図 2-26 ①一点透視投影法〈模式図〉

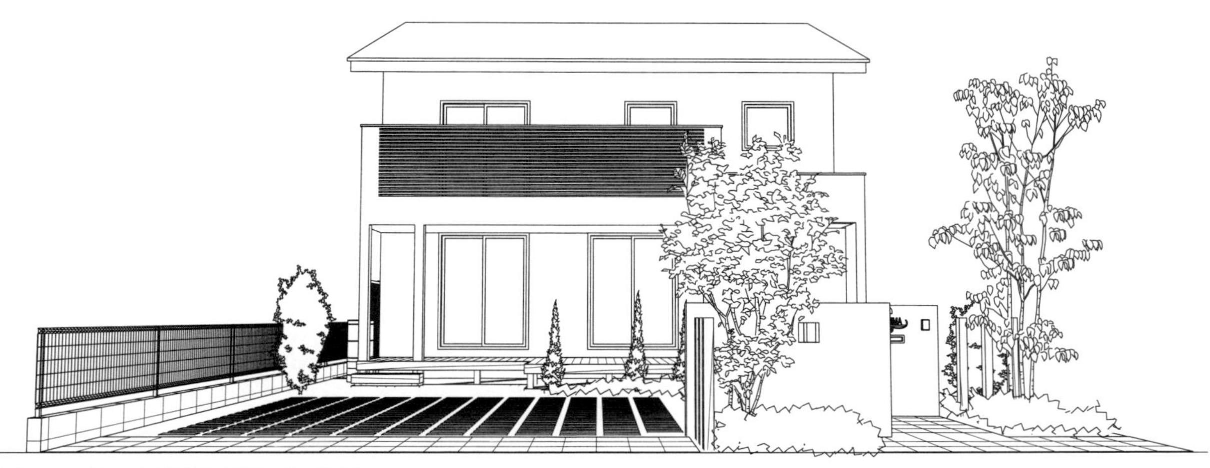

図 2-26 ①一点透視投影法〈作図例〉

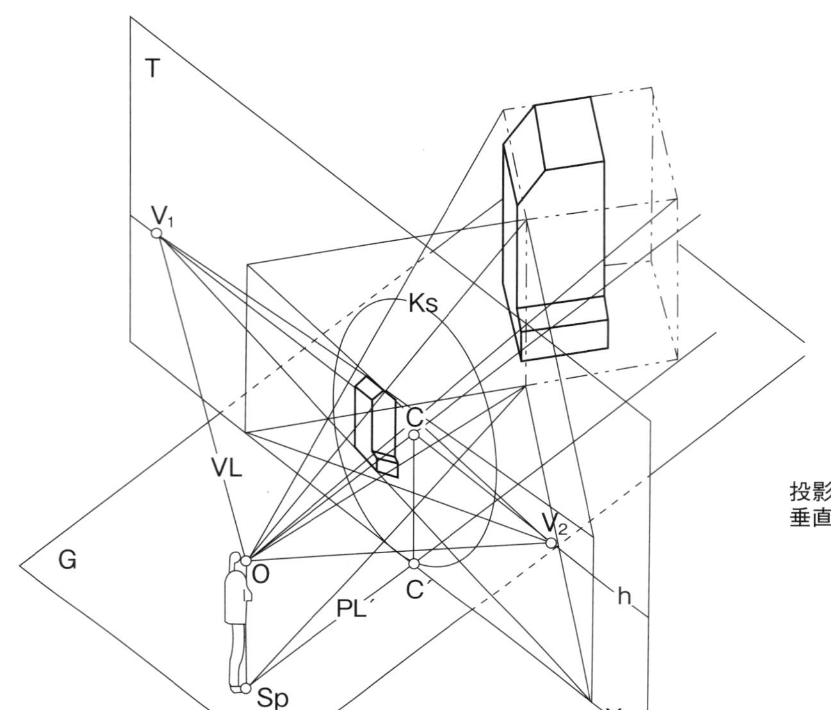

投影面に対して垂直に置かれた対象物と
垂直な投影面の模式図

図 2-26 ②二点透視投影法〈模式図〉

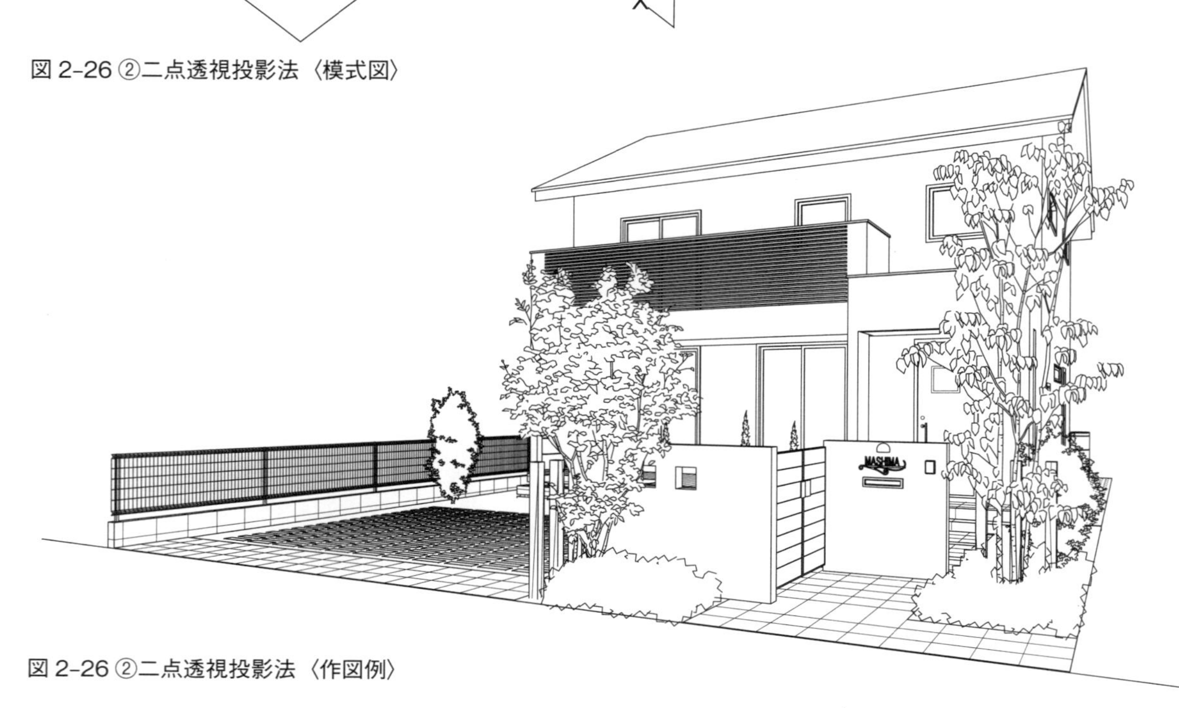

図 2-26 ②二点透視投影法〈作図例〉

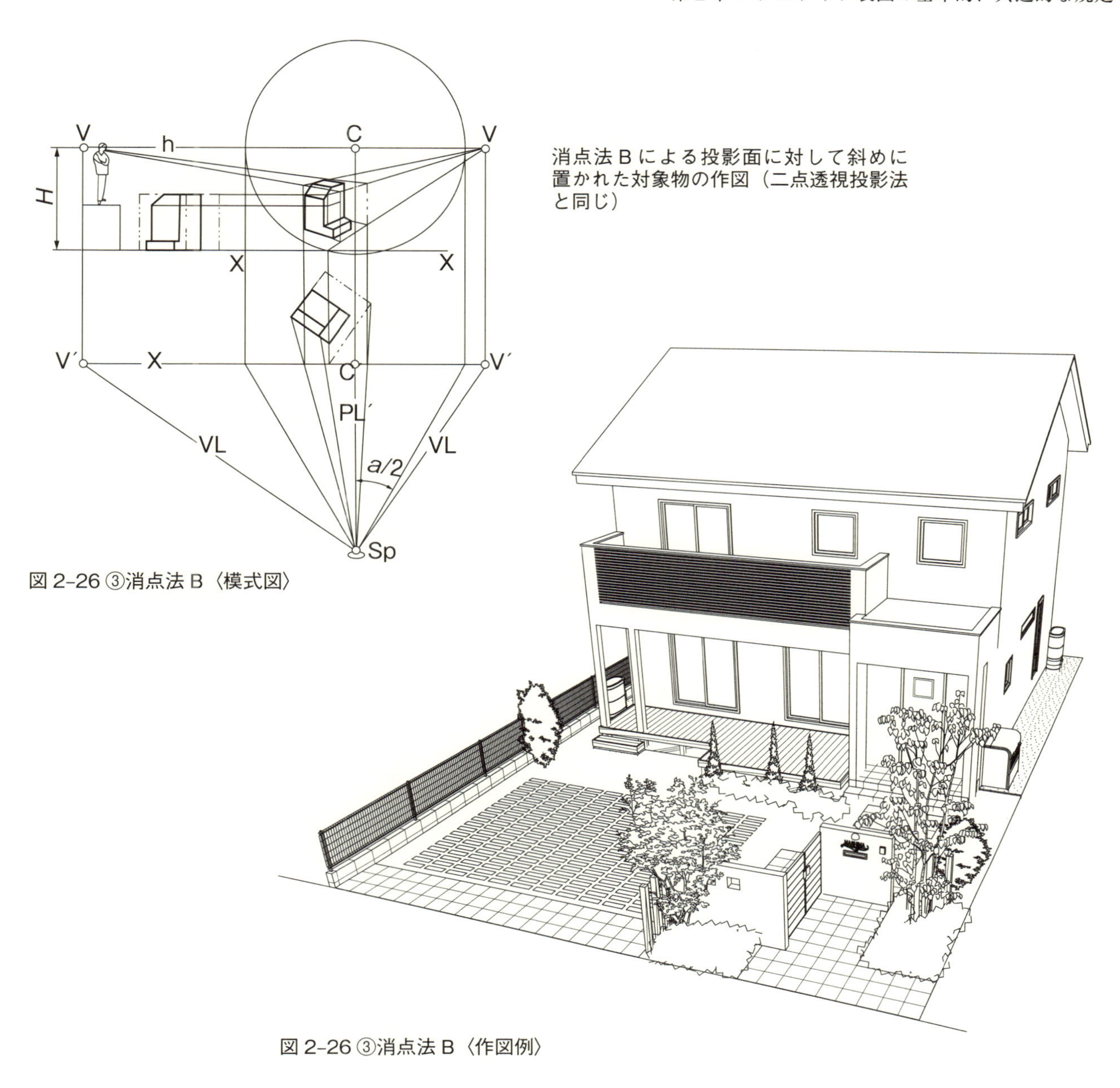

図 2-26 ③消点法 B〈模式図〉

図 2-26 ③消点法 B〈作図例〉

2-5-5 図の重複

図は、できるだけ簡単にし、重複をさける。

2-5-6 図の表現

図はその配置、線の太さなどに十分な注意を払い、明確に描く。

2-5-7 図の見える部分と見えない部分の表現

図は、できるだけ見える部分を示す実線で表し、見えない部分を示す破線及び点線は必要とする部分のほかは用いない。

2-5-8 対称図形

対称図形は、次のいずれかの方法によって表す。

a）対称図示記号は、対称中心線の両端部に短い2本の平行直線で、“ Ⅱ ” と表す（図 2-27 ①・②）。

b）対称中心線の左側の図形を、対象中心線を少し越えた部分まで描く場合は、対称図示記号を省略してもよい（図 2-27 ③）。

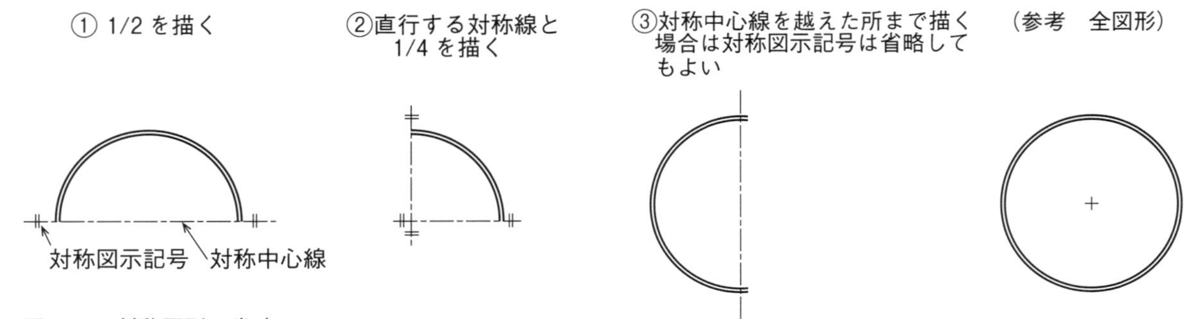

図 2-27 対称図形の省略

【作図要領】

作図時間と図面スペースを節約するために、対称図形は全体の一部だけを描いてもよいが、図面の理解を妨げないよう注意する。

2-5-9 繰り返し図形

繰り返し図形は、図 2-28 のような方法で表す。同じ図形が繰り返される場合には、図のように省略することができる。ただし数量、寸法記入又は注記によって指示しなければならない（参照 2-9-5-5）。

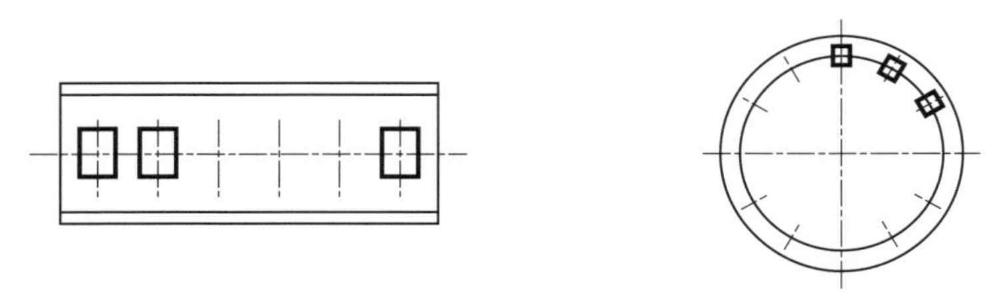

図 2-28 繰り返し図形

2-5-10 図の部分拡大

特定の部分を拡大して示したい場合には、その部分を細い実線の円で囲み、文字記号をつける。拡大した図には、文字記号と尺度を付記する（図 2-29）。

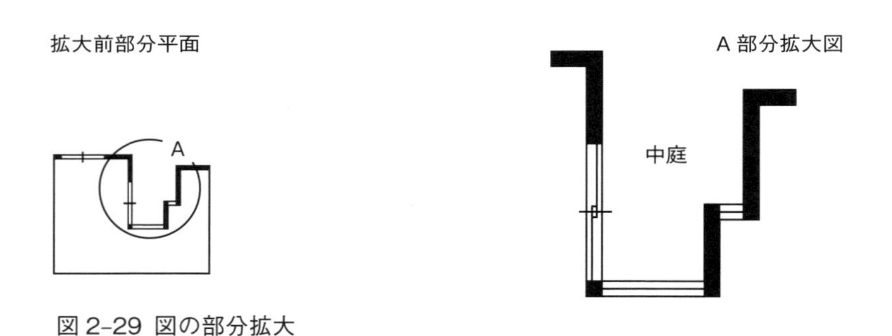

図 2-29 図の部分拡大

2-5-11 図形の省略

図は、必要に応じて一部のみを示したり、中間部を省略して表してもよい。その場合、図 2-30 のように略した部分の端部は破断線で示す。ただし、紛らわしくない場合には破断線を省略してもよい。

また、一定範囲に描かれる同一模様的図形は省略してもよい（図 2-31）。

※いずれの場合でも CAD 図では、省略しない。

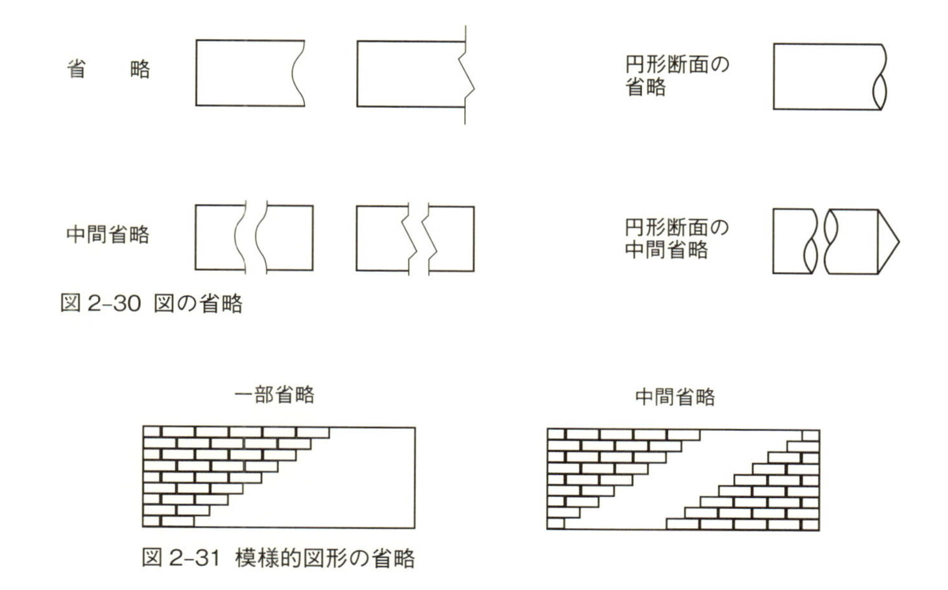

図 2-30 図の省略

図 2-31 模様的図形の省略

2-6 断面図

2-6-1 一般事項

対象物の隠れた部分を分かりやすく示すために断面図を用いることができる。切断面の向こう側を断面図として描く。断面図であることが明らかである場合を除いて、図を分かりやすくするために断面図に現れる切り口にハッチングを施す。

2-6-2 断面の表示方法

切断面を示す切断線を引き、その両端部に見た方向を示す矢印を表し、切断箇所を英文字または数字で表示する。記号をつけて断面図と対照できるようにする。

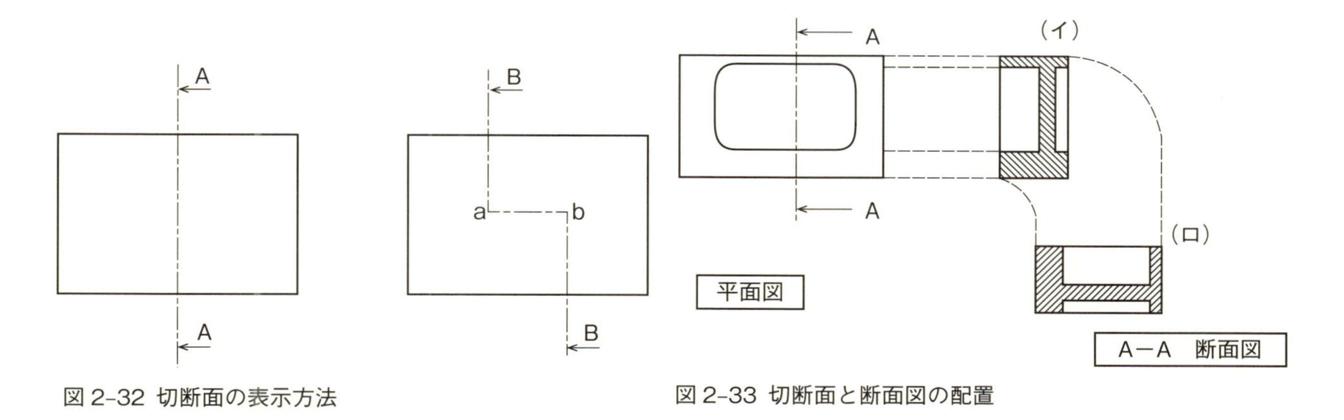

図 2-32 切断面の表示方法

図 2-33 切断面と断面図の配置

【作図要領】

①切断箇所の真下か真上に表示した文字を A-A のように記入する。

②切断面が折れ曲がらない場合、切断線の途中を省略してもよい。

③断面図の相違など、必要があって切断線が折れ曲がる場合には、切断線を全長にわたって描く。この時、折れ点に小文字などの記号を入れ、平面図と断面図が対照しやすく描く。

④断面図［図 2-33（イ)］の切断面は、見やすいように用紙の正位に配置する。

2-6-3 断面図の表し方

a）全断面：対象物の基本的な形状を最もよく表すように、一つの平面の切断面で切断して得られる断面図である（図 2-34 ①）。

b）連続平面による断面：連続した平面や、屈折した平面の切断面で切断した断面図（図 2-34 ②）。

c）片側断面：対称形の対象物は、外形図の半分と全断面図の半分を組み合わせて表すことができる（図 2-34 ③）。

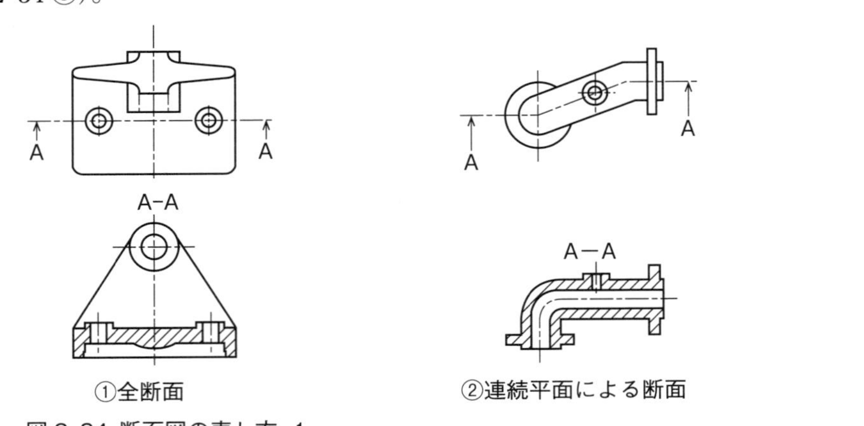

図 2-34 断面図の表し方 -1

d）部分断面：外形図において、必要とする部分だけを表すことができる（図 2-35 ①）。

e）断面記号の省略：切断面と断面図の関連が明らかな場合には、断面記号表示の一部又は全部を省略してもよい（図 2-35 ②）。

図 2-35 断面図の表し方 -2

2-6-4 断面図のハッチング

断面図に現れる切り口にハッチングを施す場合は、次による。

a）普通に用いるハッチングは、主となる中心線又は断面図の主となる外形線に対して 45° で細い実線を等間隔に描く（図 2-36 ①、②、③）。

b）ハッチング線の間隔は、ハッチングを施す断面図の切り口の大きさに応じて選ぶ（図 2-37 ①、②）。

c）同じ断面上に現れる同一部品の切り口には、同一のハッチングを施す（図 2-37 ①、②）。

d）隣接する切り口のハッチングは、線の向きを変えるか、その間隔を変える。ただし平行な線の最小間隔は、他に規定がない限り 0.7 mm より狭くしてはならない（図 2-37 ②）。

e）ハッチングを施す部分の中に文字、記号などを記入する場合には、ハッチングを中断する（図 2-37 ②）。

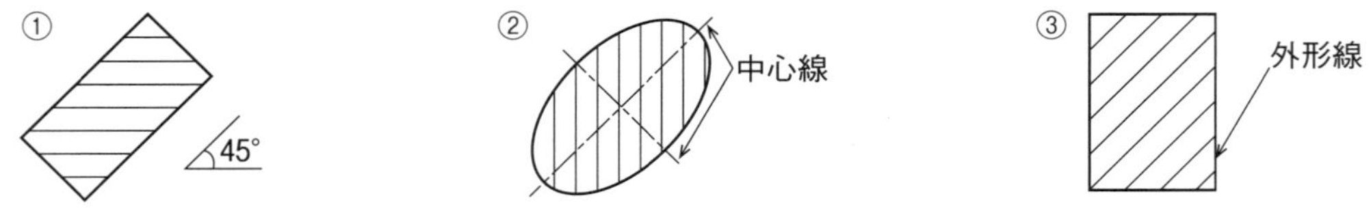

図 2-36 外形線に対して 45° のハッチング

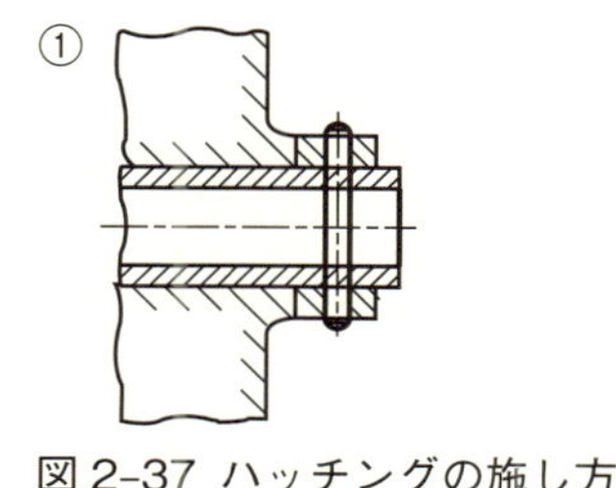

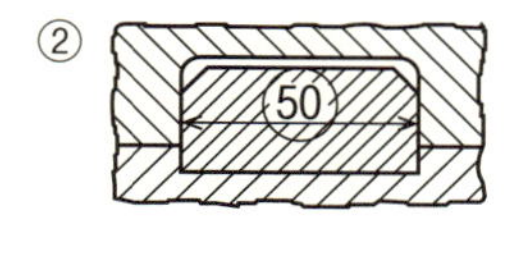

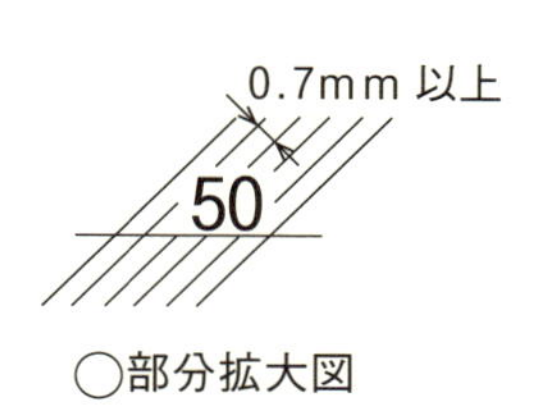

図 2-37 ハッチングの施し方

2-6-5 材料の断面表示

断面で特に材料を示す必要がある場合には、表２-８の表示方法で示す。

表 2-8 材料による断面の表示

材料	表示例	材料	表示例
土		砂 ダスト モルタル	
砂利		コンクリート	
割栗		石材 （擬石を含む）	
タイルなど		金属	
木材 （合板を含む）		水	

2-7 引出線及び参照線

2-7-1 一般事項

この規格は、JIS Z 8322 で規定されている。

2-7-2 引出線の定義

a）引出線とは、図示した形体を数値又は指示事項とを結ぶ細い実線。

b）参照線とは、引出線につなぐ水平又は垂直な直線で、その上側又は端に指示事項を表示するための細い実線。

2-7-3 引出線の指示方法

a）引出線は、関連する図や、製図用紙の枠に対し、ある角度で描く。

b）図のハッチングは 45° であるように、近くの図の線と平行にならない角度にする。

c）その角度は、15° 以上とするのがよい（図 2-38 ①）。

d）２本以上の引出線を一本の参照線にまとめてもよい（図 2-38 ②）。

e）引出線は、他の引出線、参照線、図記号又は寸法数値のような指示と交差しないようにする。

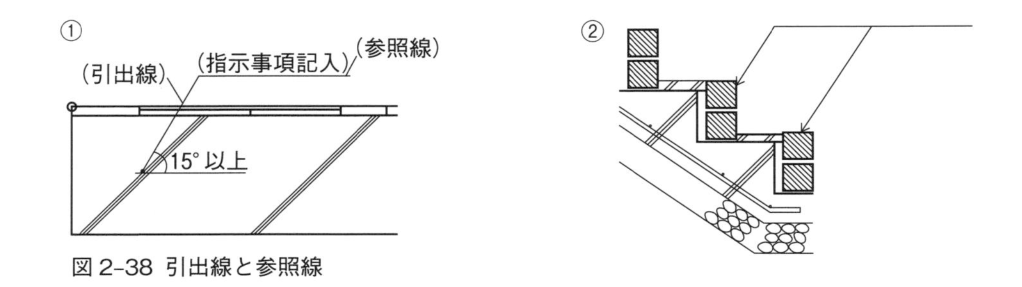

図 2-38 引出線と参照線

2-7-4 引出線の端末

形体(寸法、物、外形線など)を参照する際に用いられる引出線の終端は、次のようにする。

a）対象物の外形線の内部から引き出す場合はその終端に黒丸を付ける（図 2-39 ①）。

b）対象物の外形線から引き出す場合は、終端に矢印を付ける（図 2-39 ②）。

c）寸法線から引き出す場合は、終端に点や矢印を付けない（図 2-39 ③）。

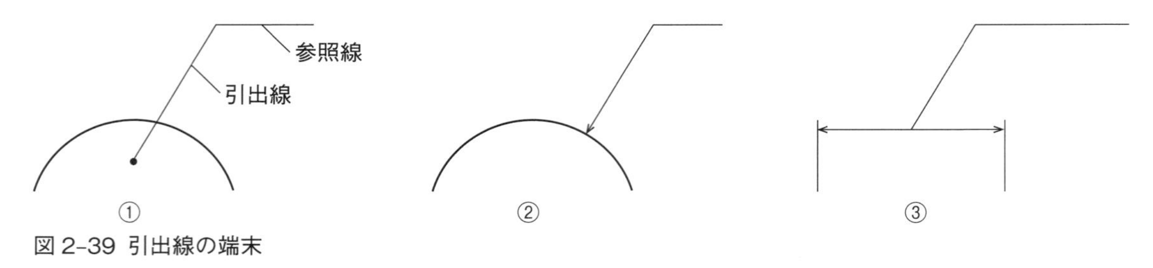

図 2-39 引出線の端末

2-7-5 参照線の表し方

a）参照線は、図面を読む方向に引く（図 2-38 ①）。

b）参照線の長さは、指示事項の長さに合わせる（図 2-38 ①）。

c）まぎらわしくなければ、参照線は省略してもよい。

2-7-6 指示事項の表し方

引出線により指示する事項は、次のように表示する。

a）指示事項を参照線の上側に（図 2-40）。

b）指示事項を参照線の後側に。

c）指示事項は参照線と接することなく、読みやすく記入する（図 2-40）。

d）異なった層（積層）を１本の引出線で指示する場合には、図の積層順に合わせる（図 2-40）。

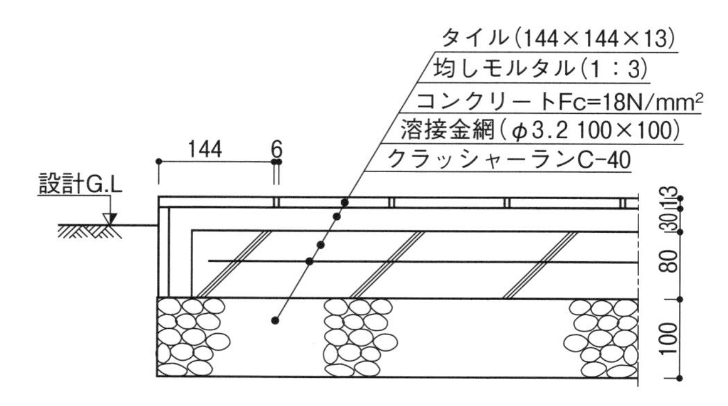

図 2-40 指示事項の表し方（積層順）

2-8 エクステリアの材料の平面表示

平面表示で特に材料を示す必要がある場合は、次の各図のように表示することができる。

2-8-1 床仕上げ例 -1　コンクリート打ち直仕上げ及びモルタル仕上げ

◆コンクリート打ち直仕上げ(斜線３本)

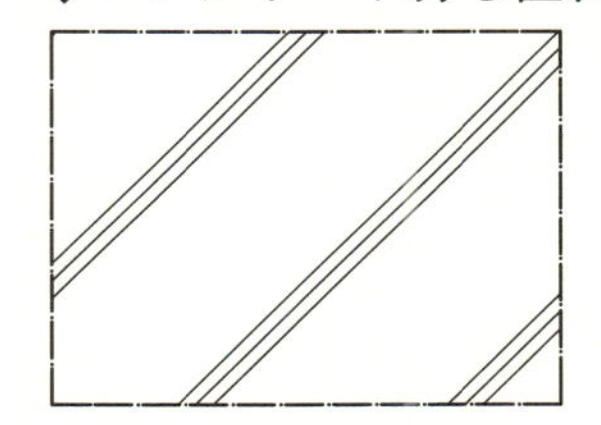

◆コンクリート打ちモルタル仕上げ（斜線２本）

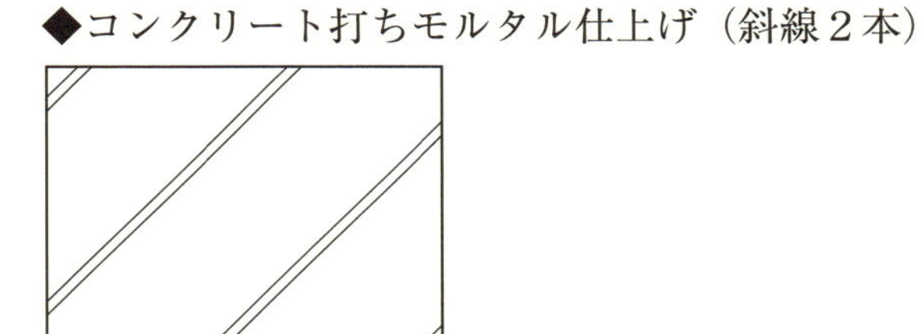

図 2-41 床仕上げ例 -1

2-8-2 床仕上げ例 -2　コンクリート打ち直洗い出し仕上げ及びモルタル洗い出し仕上げ

◆コンクリート打ち直洗い出し仕上げ(斜線３本)

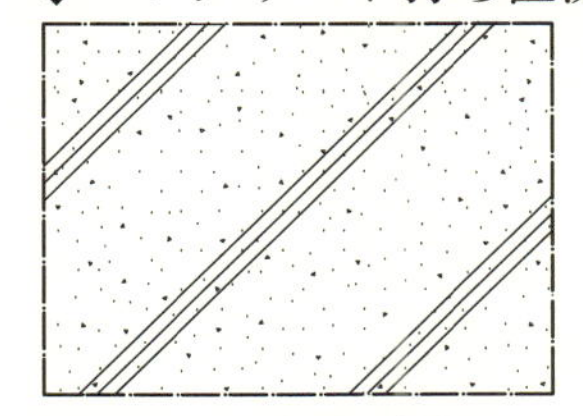

◆モルタル洗い出し仕上げ（斜線２本）

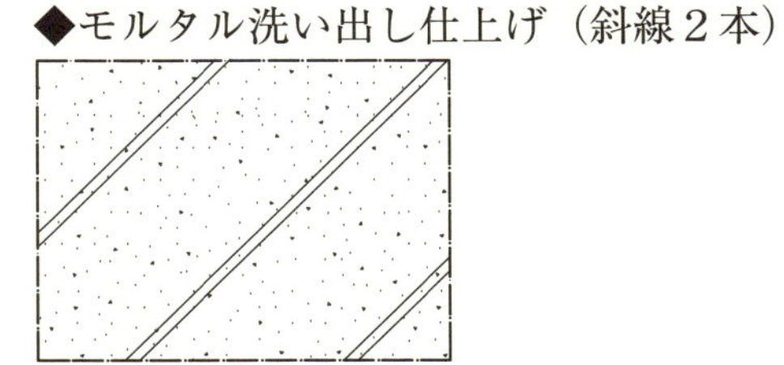

図 2-42 床仕上げ例 -2

2-8-3 床仕上げ例 -3　砂利敷き仕上げ及び砂舗装仕上げ

◆砂利敷き仕上げ

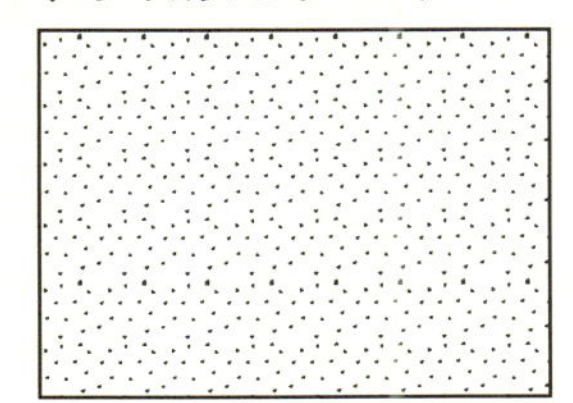

◆砂舗装仕上げ（真砂土舗装など）

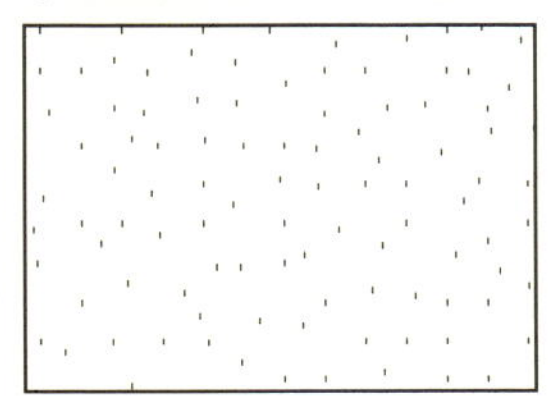

図 2-43 床仕上げ例 -3

2-8-4 床舗装仕上げ例 -4　自然石乱形貼り及び方形貼り

◆自然石乱形貼り

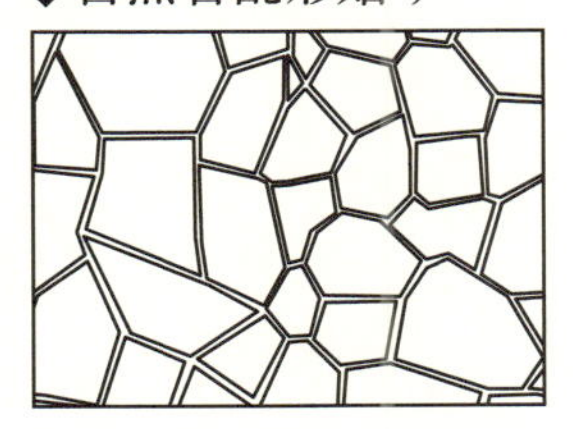

◆自然石方形貼り

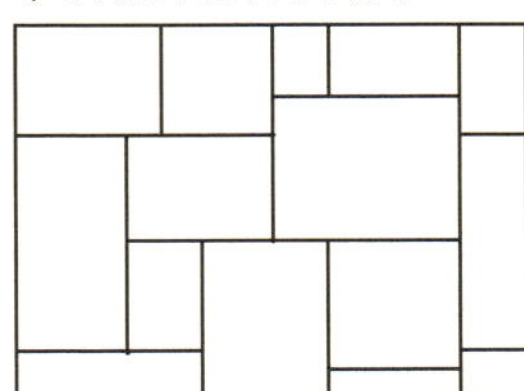

図 2-44 床仕上げ例 -4

2-8-5 池や流れなど

◆水の表現１

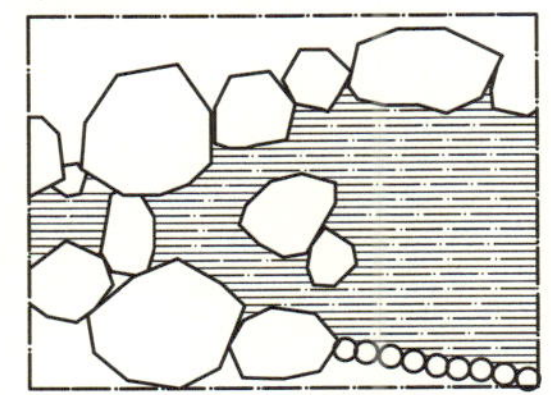

◆水の表現２

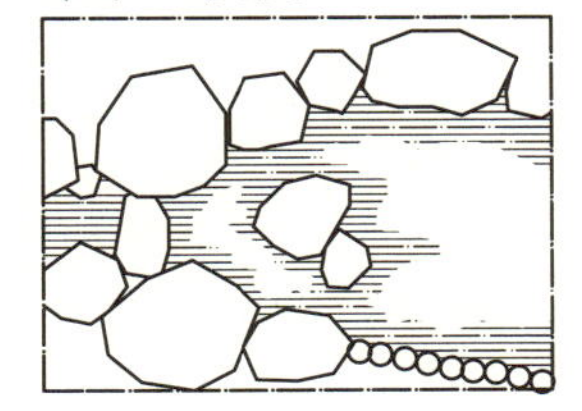

図 2-45 水の平面表現

2-9 寸法

2-9-1 一般事項

寸法表示については、JIS Z 8317-1 によって規定され、下記の基本事項のもとに記入する。

a) 寸法には、長さ寸法、位置寸法及び角度寸法がある。

b) すべての寸法、図示記号及び注記は、図面の下側又は右側から見て読むことができるように示す。

c) 寸法は“あいまいさのない形体”を示す必要で十分なものでなければならない。

d) 各形体の寸法又は形体間の寸法は、重複指示を避ける。

e) 構造物の完成時の寸法を示す。

※構造物でやむを得ず下地寸法を示す場合は、“下地寸法”と明記する。

2-9-2 寸法記入位置と順序

a) 寸法は、構造物を最も明りょうに表している投影図又は断面図に記入する。

b) 対象物の部分から、全体の順で内側から外側へ記入していく。

2-9-3 寸法の単位

原則として、一種類の単位で示す。複数の単位で示す場合は、それらを明確に示す。

※エクステリア製図では、原則として mm 単位で表し、単位記号を寸法数値に付けない。

2-9-4 寸法記入要素

2-9-4-1 一般事項

寸法記入要素は、寸法線、端末記号、起点記号、寸法補助線、引出線、参照線及び寸法数値である（図2-46）。

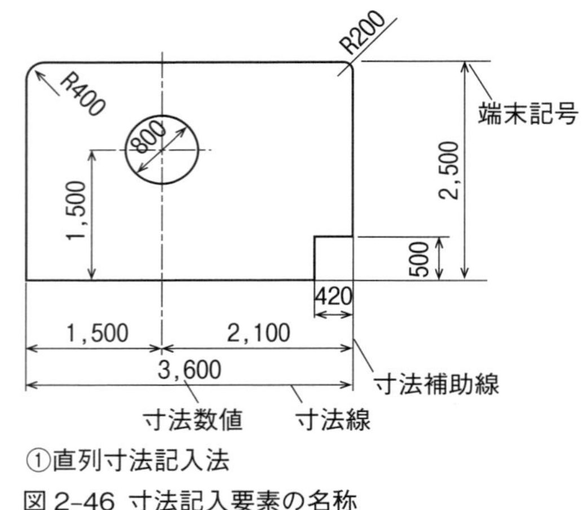

①直列寸法記入法

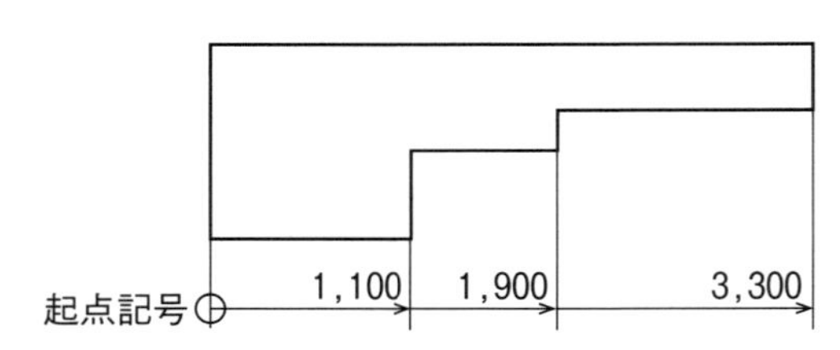

・起点記号の反対側に矢印で示す
・数値は矢印の近くに置く

②累進寸法記入法

図 2-46 寸法記入要素の名称

2-9-4-2 寸法線

a) 寸法線は、細い実線で描く。

b) 寸法線は、指示する長さ寸法に平行に示す（図 2-47 ①）。

c) 角度寸法又は円弧の長さを示す（図 2-47 ②及び③）。

d) 円弧の中心からの半径を示す（図 2-47 ③）。

e) 狭小部位の寸法表示は、寸法線を延長してもよく、逆方向の矢印を用いてもよい（図 2-47 ④）。

f) 破断線を用いて、中間部を省略した図形でも、寸法線は省略しない（図 2-47 ⑤）。

g) 寸法線は原則として、他の線と交差しない。やむを得ない場合には寸法線を切断しないで引く（図 2-47 ⑥）。

h) 寸法線を短くしてもよい場合（図 2-47 ⑦）。

①直径寸法が指示された場合。

②対称図形の場合。

③対称図形で半分を投影図、他の半分が断面図の時。

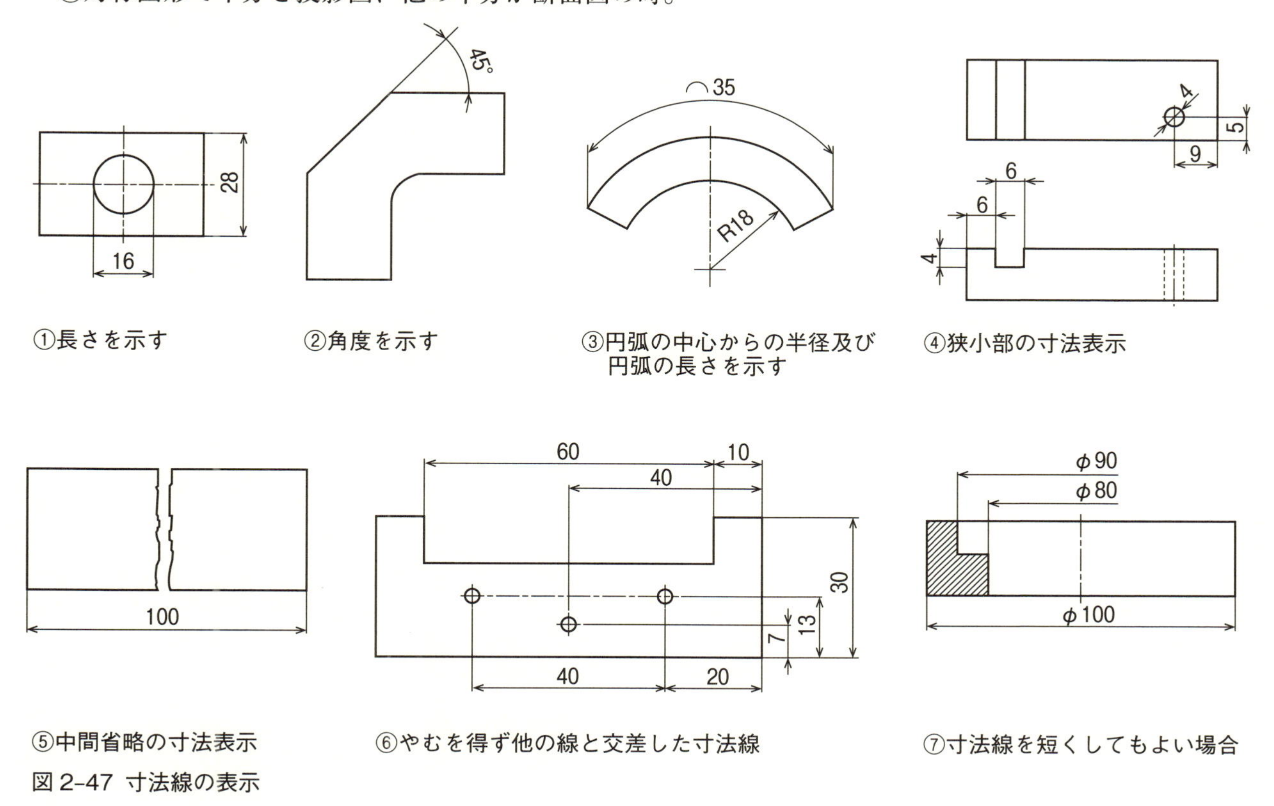

図2-47 寸法線の表示

2-9-4-3 端末記号

寸法線の端末記号は、図2-48のうちいずれかを用いる（記号の大きさは概ね寸法文字の高さ［h］と同じ。詳細はZ 8317-1付属書Aを参照）。

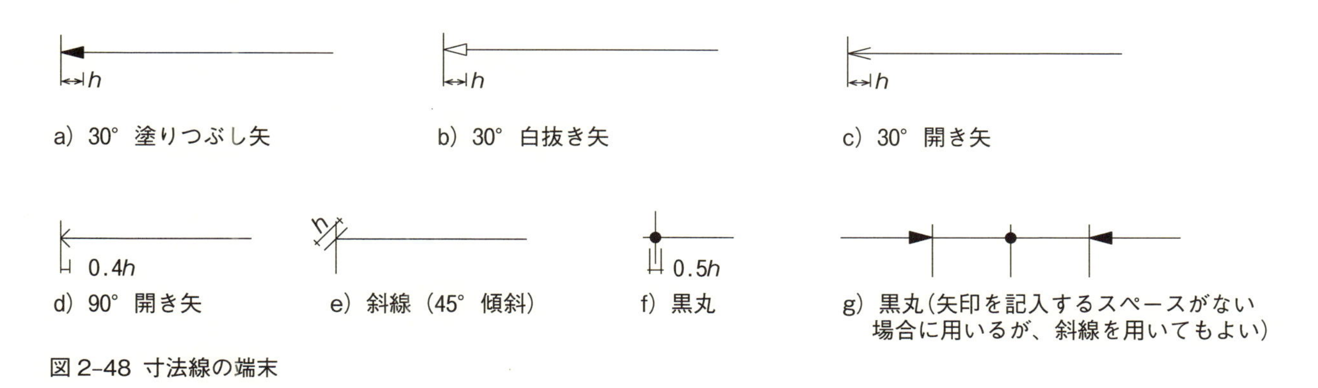

図2-48 寸法線の端末

2-9-4-4 起点記号

累進寸法記入法での寸法線の原点は、起点記号によって指示する（図2-46②）。

※起点記号の○印の大きさは、寸法文字高さ×0.8倍の大きさ。

2-9-4-5 寸法補助線

a）寸法補助線は、細い実戦で描く。

b）寸法補助線は、寸法線より少し延ばして引く。

c）寸法補助線は、指示する長さの方向に対して直角に引く（図2-49①）。

d）寸法補助線は、形体との間にすき間があってもよい（図 2-49 ②）。

e）寸法補助線は、斜めに引き出してもよいが、互いに平行に引く（図 2-49 ③）。

f）直線から円弧などのように輪郭形状が変化する領域では、寸法補助線は外形線の延長線の交点から引く（図 2-49 ④）。

g）寸法補助線は、線のつながりにあいまいさがなければ、切断してもよい（図 2-49 ⑤）。

h）角度寸法の場合には、寸法補助線を中心方向に引く（図 2-49 ⑥）。

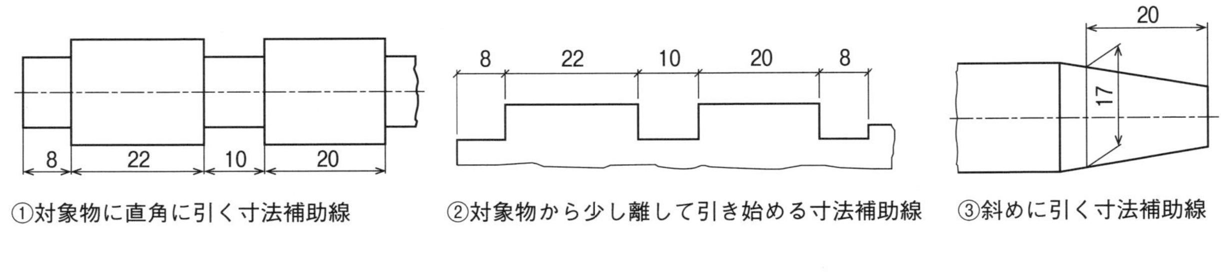

①対象物に直角に引く寸法補助線　②対象物から少し離して引き始める寸法補助線　③斜めに引く寸法補助線

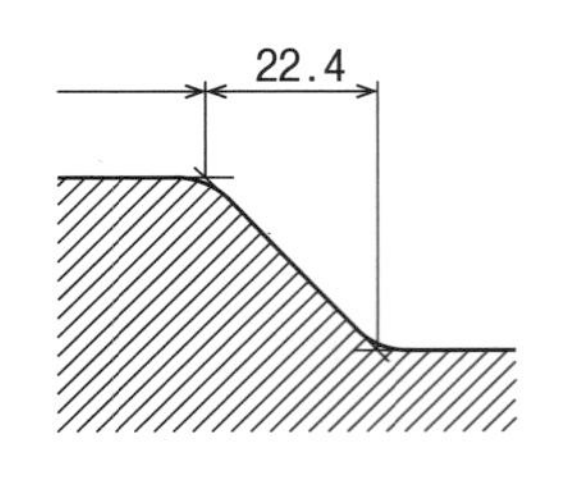

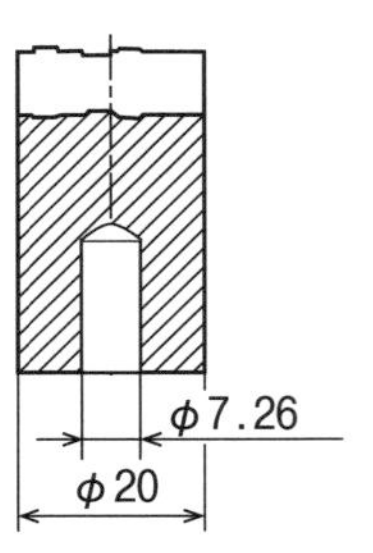

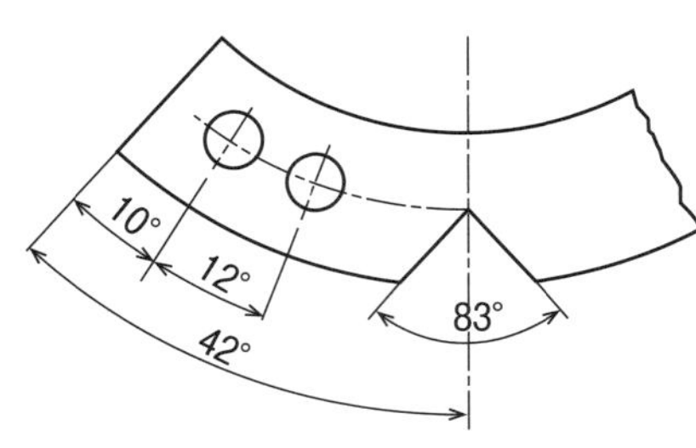

④外形線の延長の交点から引く寸法補助線　⑤切断した寸法補助線　⑥角度方向の寸法補助線は弧の中心方向へ引く

図 2-49 寸法補助線

2-9-4-6 引出線

a）引出線は、細い実線で描く。

b）引出線は、必要以上に長くしない（図 2-50 ①）。

c）引出線は、ハッチングの線と区別できる角度に引く（ハッチングは 45°）（図 2-50 ①）。

d）寸法補助線間が狭い場合には、寸法線から引出線を引き、参照線の上側に記入する（この時、端末記号はつけない）（図 2-50 ②）。

e）スペースの制約上、寸法補助線が引けない場合には、寸法線から引き出して、参照線の上側に記入する（端末記号はつけない）（図 2-50 ③）。

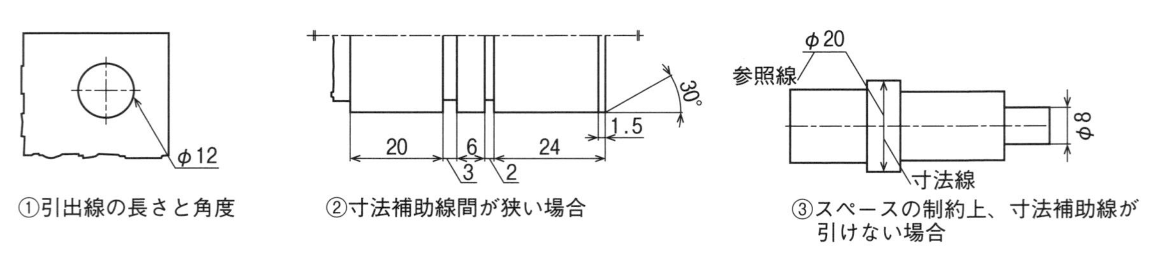

①引出線の長さと角度　②寸法補助線間が狭い場合　③スペースの制約上、寸法補助線が引けない場合

図 2-50 引出線

2-9-4-7 寸法数値（基準寸法）

a）寸法数値は、複写しても十分に判読できる大きさの文字で図面に示す（JIS Z 8313-0 に従った B 形直立体文字を用いるのがよい）。

b）寸法数値は、寸法線に平行に配置し、ほぼ中央で寸法線からわずかに離した上側に配置する（図 2-51 ①及び②）。

c）斜めの寸法線上の寸法数値は、図 2-51 ③による。

d）角度の寸法数値は、図 2-51 ④による。

e）間隔が狭い場合は、寸法数値を寸法線に平行のまま、ずらして配置してもよい（図 2-51 ⑤）。

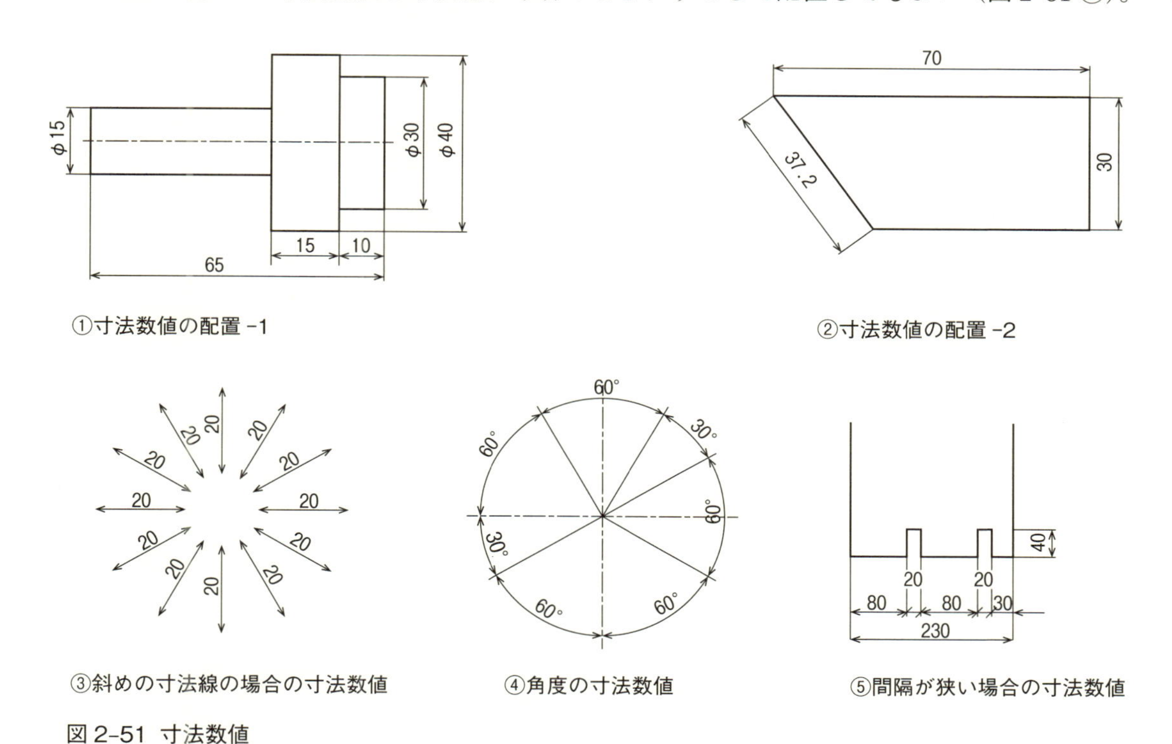

図 2-51 寸法数値

2-9-5 特殊な指示方法

2-9-5-1 寸法補助記号

寸法に次の寸法補助記号を付けることによって、寸法付き形体の形状を識別する。寸法補助記号は、寸法数値の前に付ける（表 2-9 及び図 2-52）。

表 2-9 寸法補助記号

記号	呼び方	示す形状	参照図
φ	まる、又は、ふぁい	直径	図 2-52 ①
R	あーる	半径	図 2-52 ②
□	かく	正方形	図 2-52 ③
SR	えすあーる	球の半径	図 2-52 ④
Sφ	えすまる、又は、えすふぁい	球の直径	図 2-52 ⑤
⌒	えんこ	円弧の長さ	図 2-47 ③、図 2-54 ①
t	てぃー	板の厚さ	
C	しー	45°の面取り	図 2-52 ①

※補助記号の呼び方は参考とする。

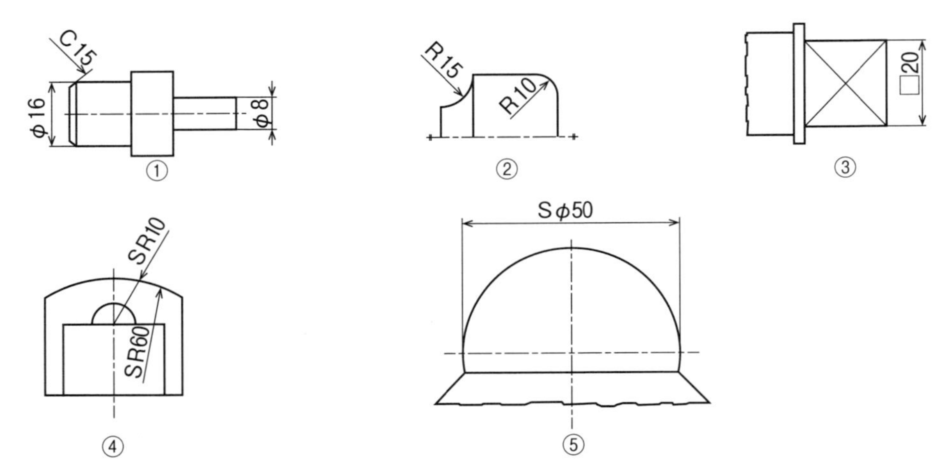

図 2-52 寸法補助記号の使い方

2-9-5-2 作図領域から遠い半径

円弧の中心が遠く、それを図中に示す必要がある場合には、寸法線を折り曲げてもよい。この場合、矢印の付いた部分は正しい中心の位置に向いていなければならない（図 2-53）。

※図 2-53 のように円弧の中心は、作図領域外にある。この場合の寸法線は折り曲げて表示する。矢印の付いた寸法線は円弧の中心方向に向ける。

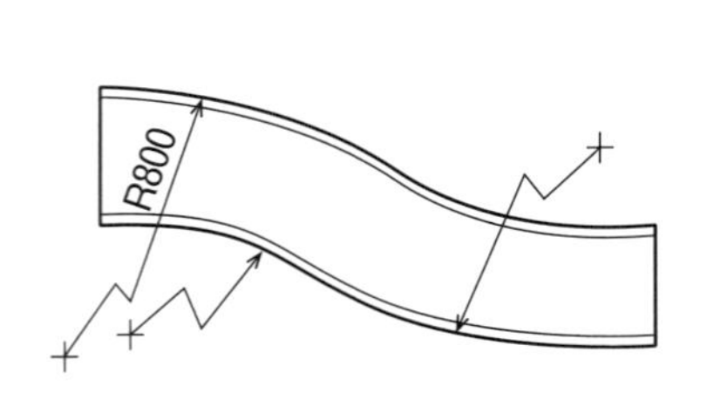

円弧の中心が遠い場合

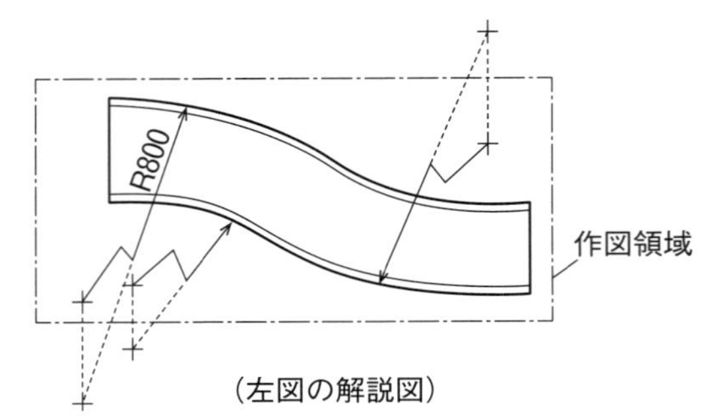

（左図の解説図）

図 2-53 作図領域から遠い半径

2-9-5-3 円弧、弦の長さ及び中心角

円弧、弦の長さ及び中心角の寸法記入は、図 2-54 による。

※中心角が 90° を超える場合には、寸法補助線は、円弧の中心に向いていなければならない。

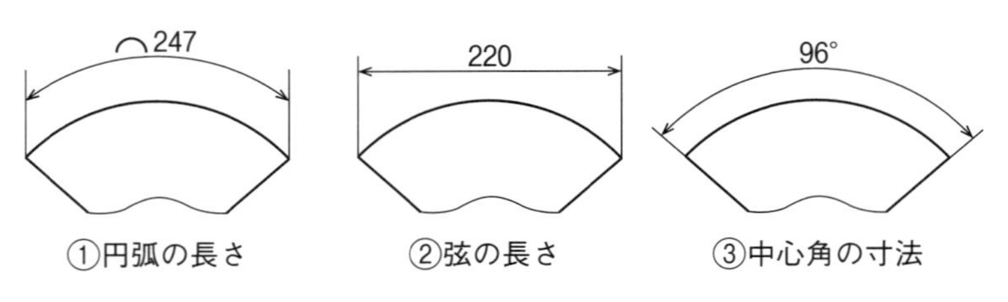

①円弧の長さ　②弦の長さ　③中心角の寸法

図 2-54 円弧、弦の長さ及び中心角

2-9-5-4 円弧の長さにあいまいさがある場合

a）円弧の長さにあいまいさがある場合には、寸法を与える円弧に矢印で接し、寸法線には白丸又は黒丸で接する引出線によって示す（図 2-55）。

b）円弧の接続寸法は、円弧の長さ寸法又は角度寸法と同様に寸法補助線で位置を示す（図 2-55）。

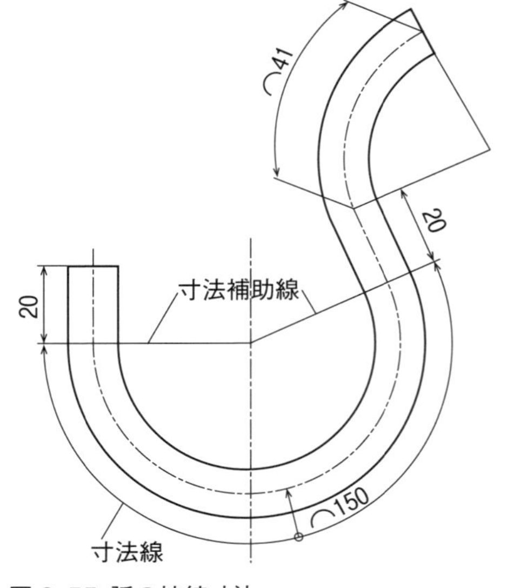

図 2-55 弧の接続寸法

2-9-5-5 繰返し図形の寸法表示（簡略化）

形体が等間隔で規則的に配置されている場合の寸法記入は、図 2-56 のように簡略にしてもよい。

a）直線状に配置された場合は、図 2-56 ① のように記入してもよい。

b）直線状及び円弧状に配置された繰返し図形の間隔の寸法記入は、図 2-56 ②のように記入してもよい。

c）間隔が角度によって与えられる場合の寸法記入は、図 2-56 ③のようにしてもよい。

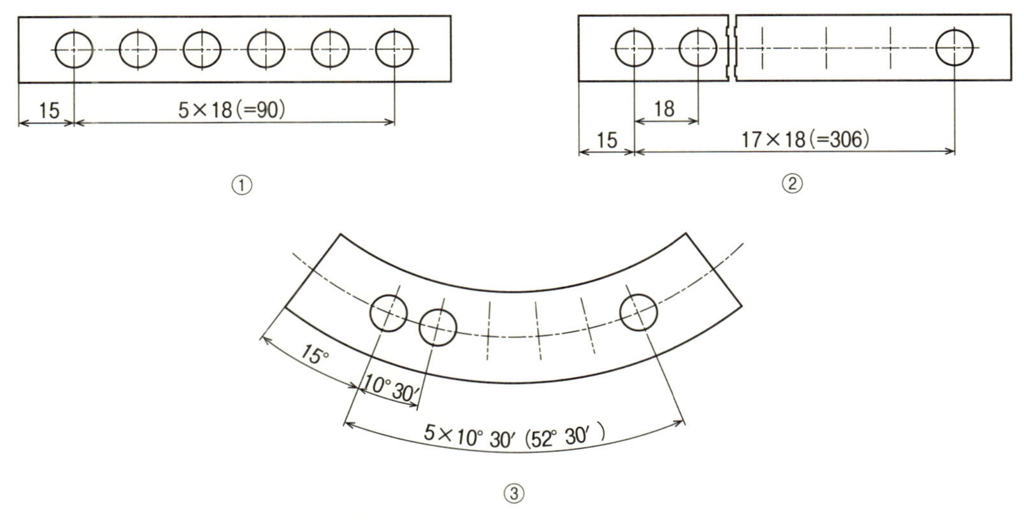

図 2-56 繰り返し図形の寸法表示（簡略表示）

2-9-6 立面図、断面図での勾配の表示

勾配を示すには、慣習により次図のような表示方法をいまだ使用する部位がある。必要により使い分けることができる。

2-9-6-1 高さを 1 とする比例で示す（法勾配）

a）法面の傾きは、法勾配で表す（図 2-57 ①）。法勾配は、高さ 1 に対する水平距離で表す。

法勾配 1：1.5 は、1 割 5 分勾配とも呼ぶ。

b）間知石積などの断面図の傾きを示すとき、一般に「角度 70°」で示しているが、「3 分 6 厘の勾配」と併記している場合もある（図 2-57 ②）。

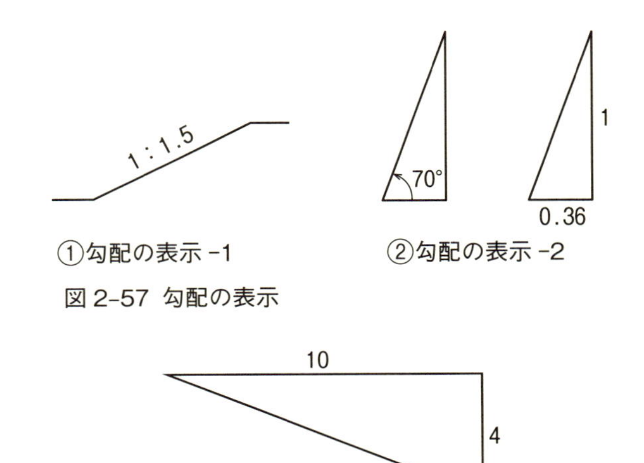

図 2-57 勾配の表示

2-9-6-2 分母を 10 とする分数で示す（寸勾配）

建築の立面図では屋根勾配などを右図のように分母を 10 とする分数で示す（図 2-58）。図は、「4 分勾配」と呼ぶ。

図 2-58 分母を 10 とする分数表示

2-9-6-3 百分率で表す（パーセント勾配）

断面図で勾配を示すような場合には百分率で示す。その場合は方向を示す矢印を付ける（図 2-59）。

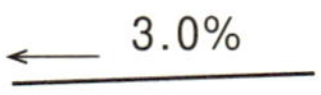

図 2-59 百分率による勾配表示

2-9-7 平面図での床舗装勾配の表示

エクステリアの平面図では、床舗装の勾配は、%勾配（百分率）表示とする。その時の表示は下り傾斜として、起点を黒丸で表示し、傾斜の方向と範囲を矢印で表す。矢印の線上には勾配値を記入する。水勾配部分については、その方向のみを矢印で示す（図 2-60）。

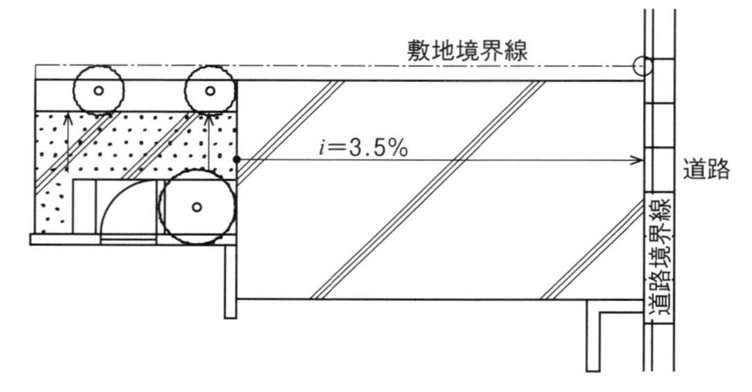

図 2-60 平面図での勾配表示

【作図要領】

①土木、建築製図通則では、起点を白丸にして矢印は上り勾配を示すので注意する。

②下り勾配方向に矢印をつけ、線の長さにより傾斜範囲示す。

2-9-8 高さの寸法表示

a）立面図、断面図などで示す高さは、90°の開き矢につながる垂直な直線と数値を記入する水平な線によって示す（図 2-61 ①）。

b）基準高は、90°の閉じた矢印で示す。矢印の先端が水平線を指示し、矢印の半分を黒く塗りつぶし、鉛直の短い細線によって水平な引き出し線につなげる（図 2-61 ②）。

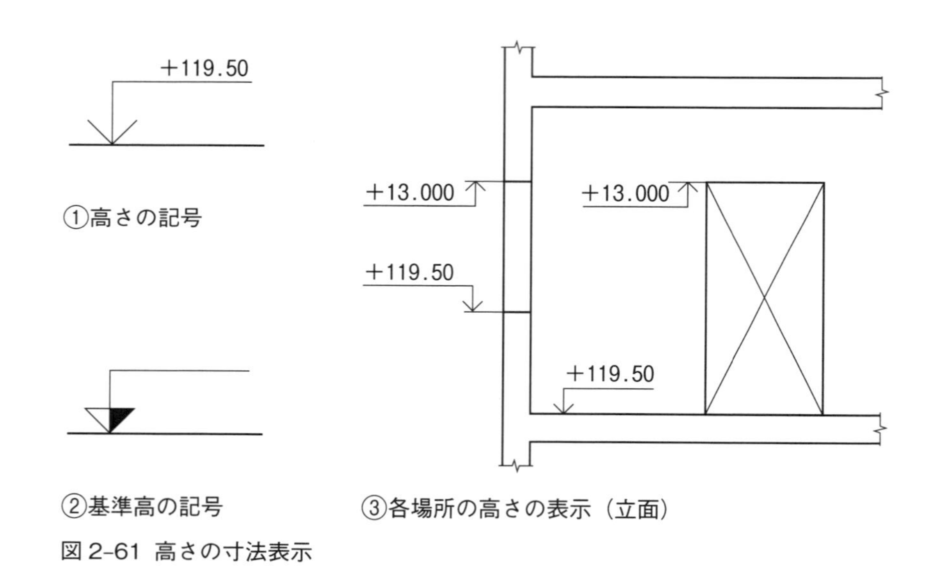

図 2-61 高さの寸法表示

c）平面図及び水平断面における高さの表示

①特定の位置の高さは、“×”で位置を示し、引出線の上側に数値を記入し、かつ、数値を□で囲む（図 2-62 ①）。

②特定の位置が、外形線の交点の場合は白丸を用いて、引出線で示す（図 2-62 ②）。

③外形線の高さの数値は、その外形線の近くで、高さを示す面と同じ側に書く（図 2-62 ③及び④）。

+12.345

①高さを表す点の位置を示す記号

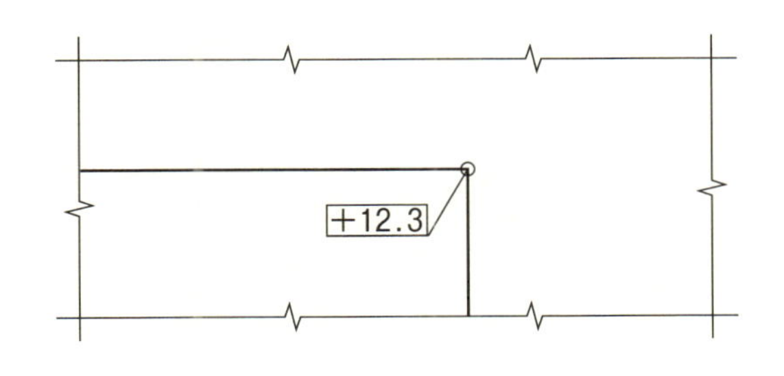

②高さを表す点の位置が外形線の交点の場合

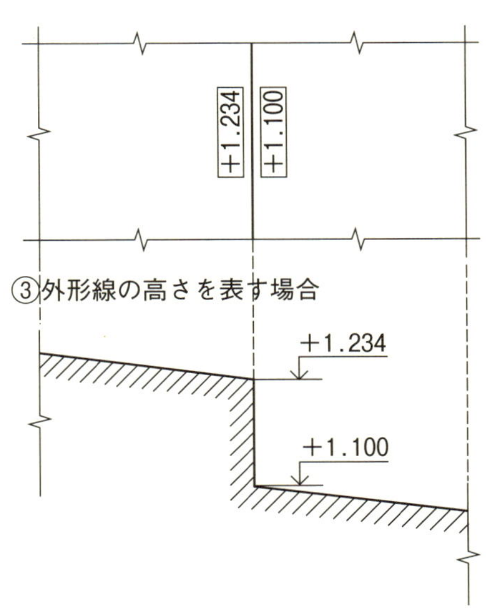

③外形線の高さを表す場合

④図③の説明図：外形線の高さの数値は、その外形線の近くに、高さを表す面と同じ側に書く

図 2-62 平面上に高さを表す例

2-9-9 参考寸法

参考寸法は、計算上の数値など情報提供だけのためにあり、この寸法は括弧で囲む（図 2-63）。

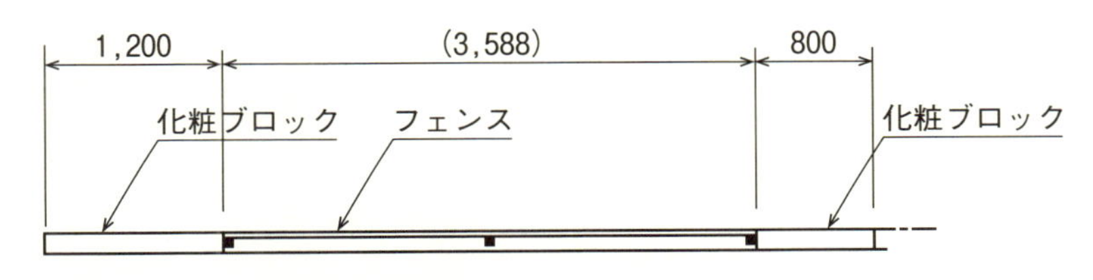

図 2-63 参考寸法（両側化粧ブロック積みが優先で、フェンス範囲は参考寸法）

2-9-10 追い出し基準点の表示

寸法には、施設の大きさを示す寸法と、位置を示す寸法がある。その寸法の基準点は、原則として境界杭など不動点とする。寸法の追い出し基準点（不動点）を設ける場合は、○印を表記する（図 2-64）。

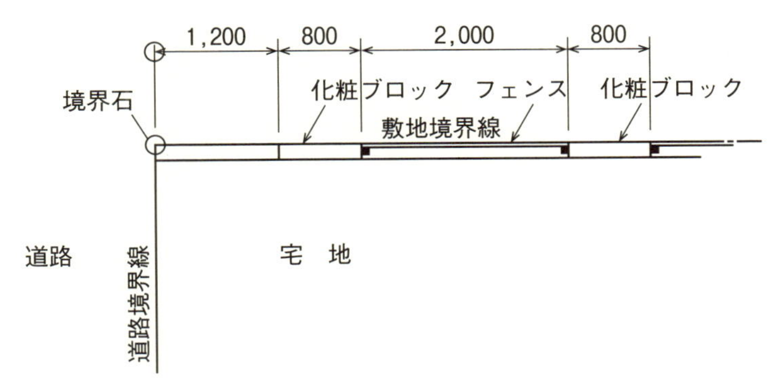

図 2-64 寸法の追い出し基準点

2-9-11 円弧で構成する曲線

円弧で構成する曲線の寸法は、円弧の半径とその中心又は円弧の接線の位置で表す（図 2-65）。

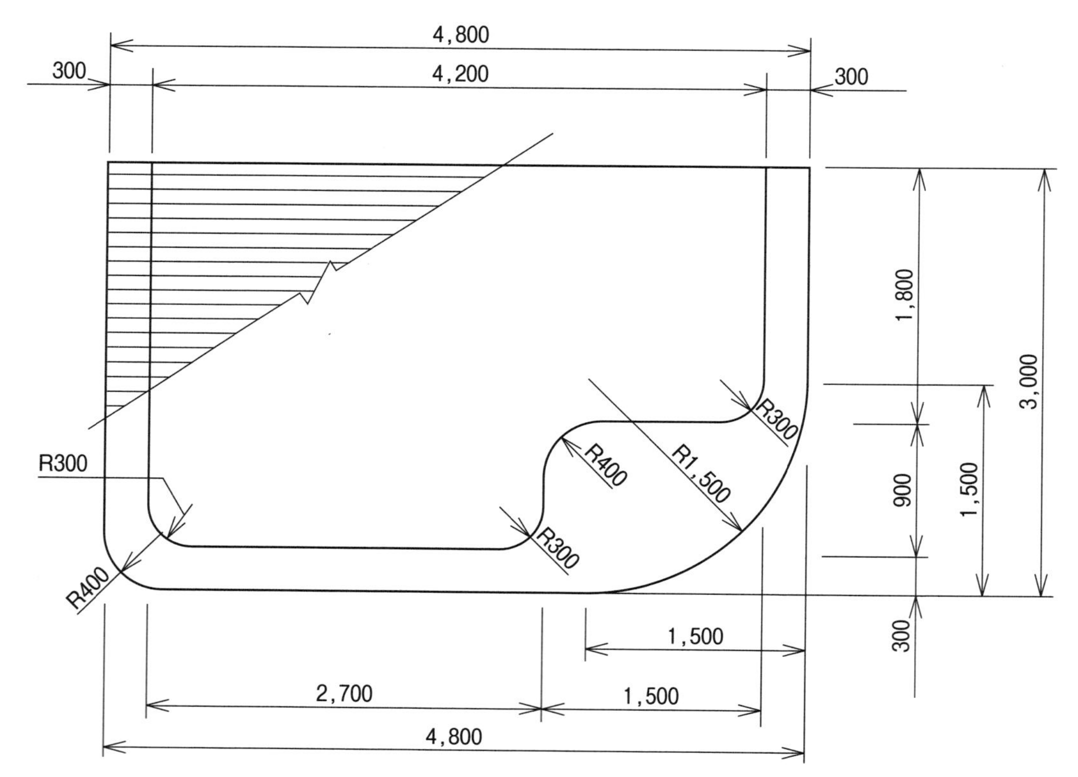

図 2-65 円弧で構成する曲線表示

2-10 鋼材の形状

2-10-1 鋼材の表示方法

鋼材などの形状及び寸法は、JIS B 0001 にもとづき、表 2-10 のように表示する。

表 2-10 鋼材の表示方法

種類	断面形状	表示方法	種類	断面形状	表示方法
等辺山形鋼	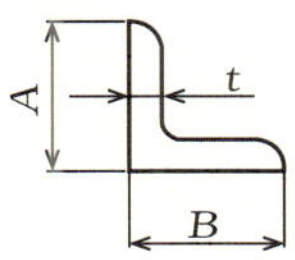	∟ A×B×t−L	軽Z形鋼	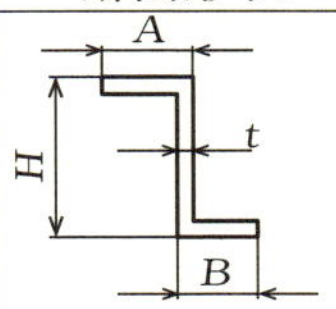	⅂ H×A×B×t−L
不等辺山形鋼	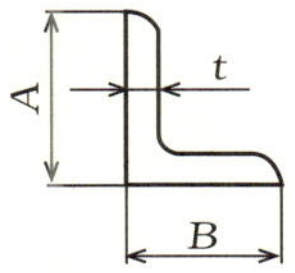	∟ A×B×t−L	リップ溝形鋼	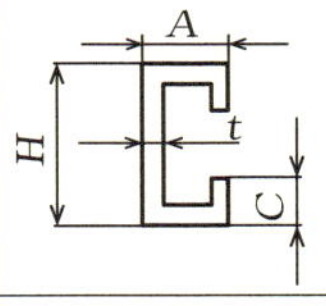	[H×A×C×t−L
不等辺不等厚山形鋼	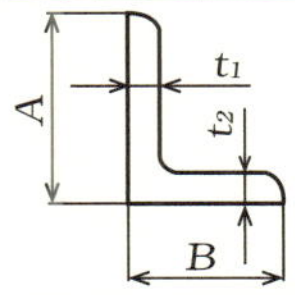	∟ A×B×t_1×t_2−L	リップZ形鋼	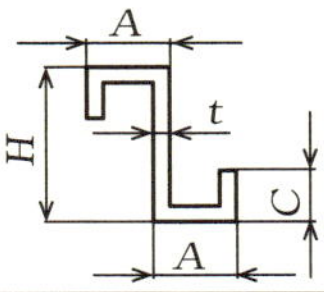	⅂ H×A×C×t−L
I 形鋼	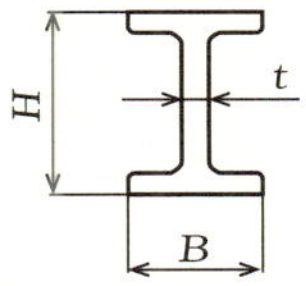	I H×B×t−L	ハット形鋼	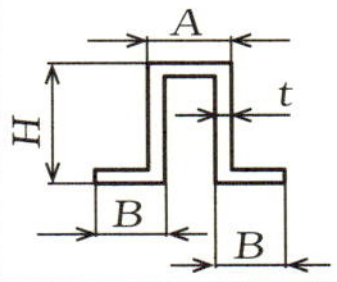	⎍ H×A×B×t−L
溝形鋼	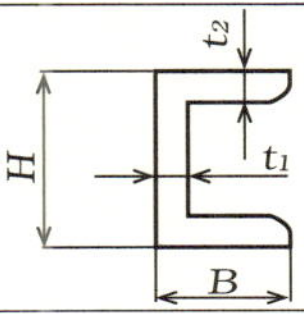	[H×B×t_1×t_2−L	丸鋼	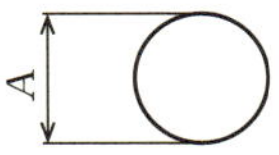	普通丸鋼：φ A−L 異形鉄筋： DA−L
球平形鋼	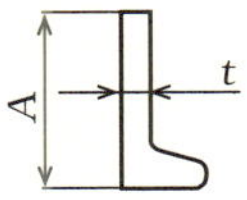	⌋ A×t−L	鋼管	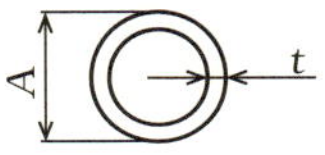	φ A×t−L
T 形鋼	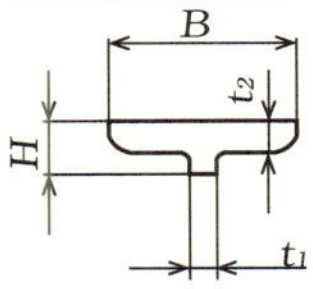	⊤ B×H×t_1×t_2−L	角鋼管	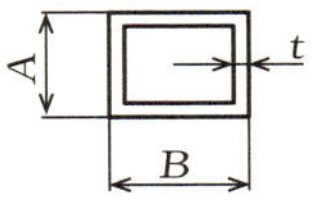	□ A×B×t−L
H 形鋼	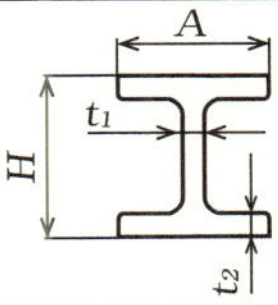	H H×A×t_1×t_2−L	角鋼	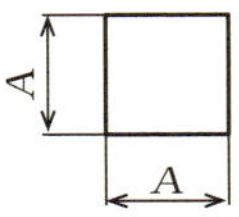	□ A−L
軽溝形鋼	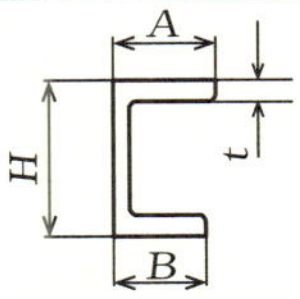	[H×A×B×t−L	平鋼	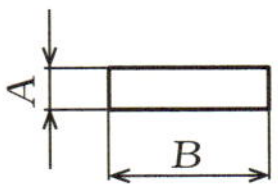	▭ B×A−L

備考　L は長さを表す。長さの寸法は、必要がなければ省略してもよい。

2-10-2 材料の数量記入

材料の数量を表す必要がある場合は、材料の図形記号の前に－をつけて表す。

【記入例】

L90×90×10-1000 が２個の場合には、次のように表示する。

2－L90×90×10-1000

2-10-3 鉄筋の表示

鉄筋は、極太の実線で表す。

2-10-4 鉄筋の断面表示

鉄筋の断面は、黒丸（塗りつぶし）又は白丸で表す。

2-10-5 鉄筋のフック

鉄筋のフックを表す場合には、図 2-66 のいずれかによる。

鉄筋のフックは正しく中心を向いていなければならない。

図 2-66 鉄筋のフックの表示

2-10-6 配筋の表示

鉄筋の配置は、次のように記入する。

【記入例】

ϕ 9　@ 300：直径 9mm の鉄筋を 300mm 間隔で配置する

D10　@ 300：直径 10㎜ の異形鉄筋を 300mm 間隔で配置する

2-10-7 配筋の引出線

配筋の記入のための引出線は、まぎらわしくない角度とする（図 2-67）。

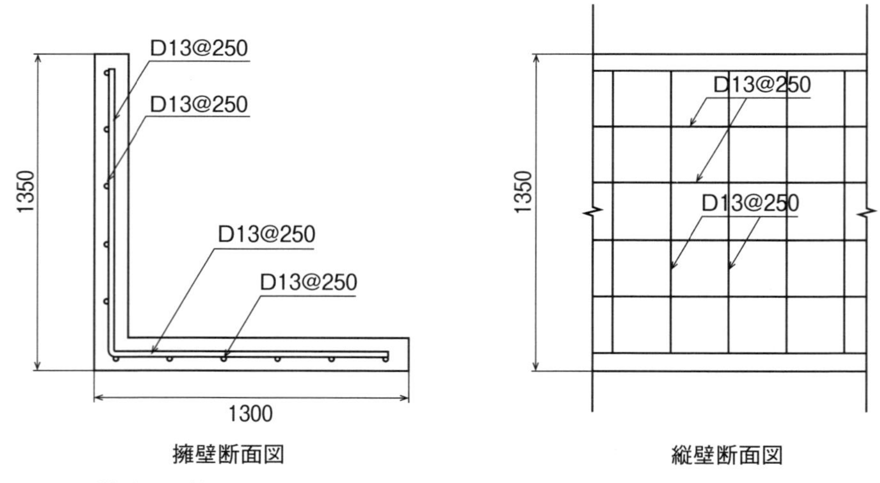

図 2-67 擁壁の配筋図

第3章
エクステリアの作図方法

3-1 位置の表示

3-1-1 平面図上の区画基準線（敷地及び道路境界線）

平面図上の区画計画基準線（敷地及び道路境界線）は、原則として細い一点鎖線による。ただし、紛らわしくなければ細い実線を用いてもよい（図 3-1）。

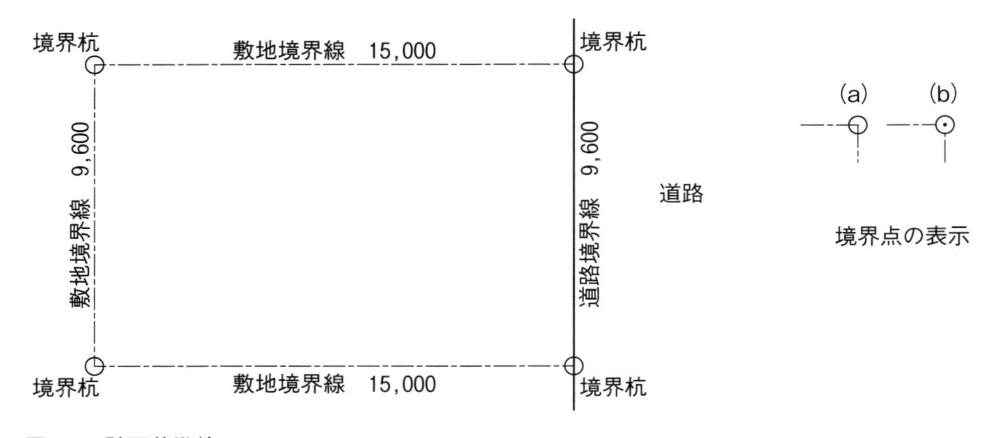

図 3-1 計画基準線

【作図要領】

①各境界点位置を○印で示す（図 3-1 の「境界点の表示」の(a)及び(b)のいずれか）。

②各境界点間を結ぶ敷地境界線は、細い一点鎖線で表示する。

③各境界点間を結ぶ道路境界線を、実線で表示する。

④各境界線沿いに、線の名称を記入する。

⑤各境界線間の寸法を記入する。

⑥施設寸法と異なり、境界線間の寸法では寸法補助線、寸法線、端末記号などは使わない。

⑦各境界線の名称及び境界間寸法値は、施設の作図上影響のない位置で、その境界線沿い(線の外側)に記入する。

3-1-2 その他の計画基準線

計画基準線の表示は、図 3-2 のいずれかによる。ただし、片側の記号は省略してもよい。

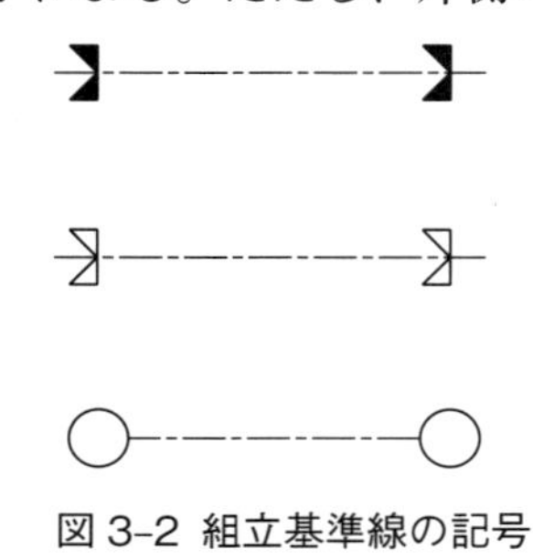

図 3-2 組立基準線の記号

【作図要領】

平面図上の区画基準線以外での計画基準線の表示は、図 3-2 の組立基準線の記号を用いてもよい。また、○内に文字を記入して区別しやすくしてもよい。

3-1-3 位置の座標表示

対象とする位置を座標によって示す場合は、図 3-3 及び図 3-4 のいずれかによる。

a）　平面図に座標位置を記入する（図 3-3）。

b）　各点の記号を付け、座標位置を表で示す（図 3-4）。

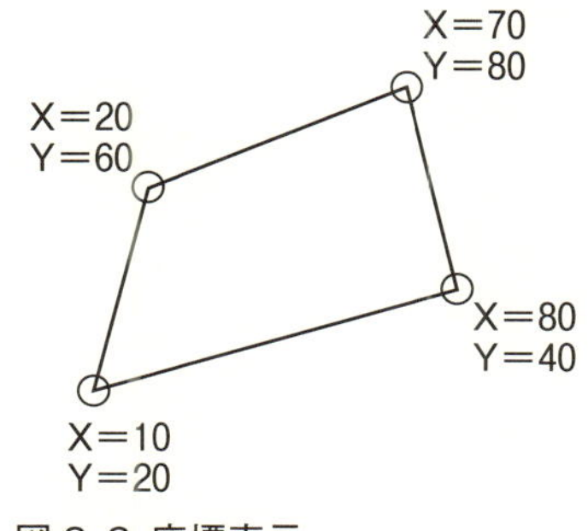

図 3-3 座標表示

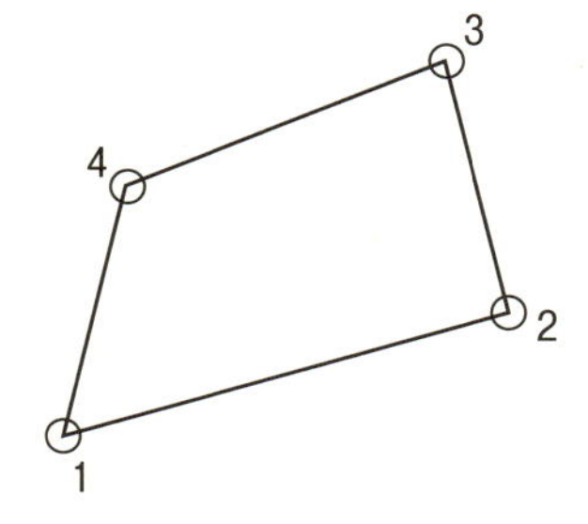

	X	Y
1	10	20
2	80	40
3	70	80
4	20	60

図 3-4 座標と表による表示

3-1-4 複雑な線の表示

園路、広場など、複雑な線を表す場合には、トラバース、オフセット、グリッドなどの方法を用いてもよい（図 3-5、図 3-6、図 3-7）。

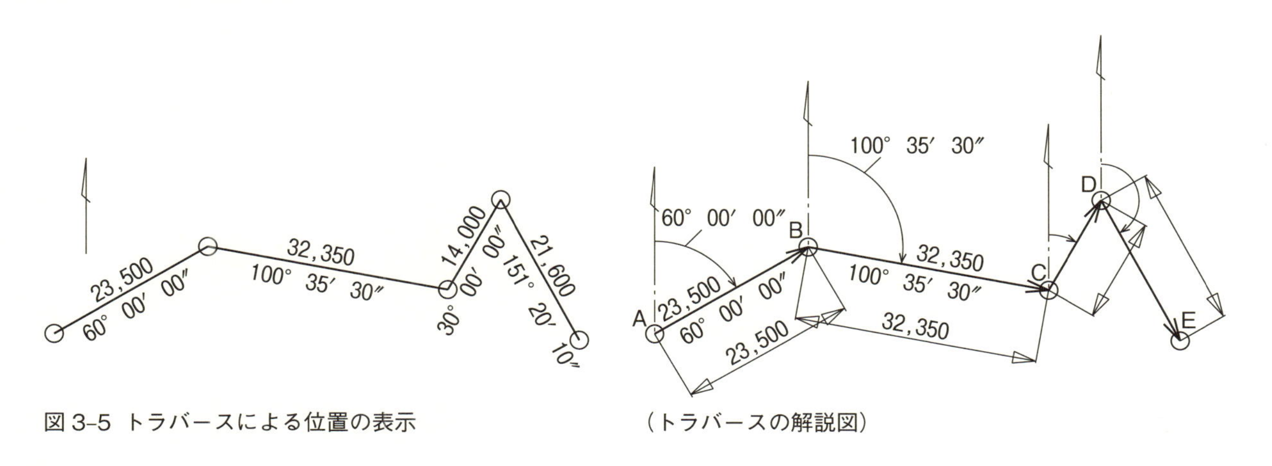

図 3-5 トラバースによる位置の表示　　（トラバースの解説図）

【作図要領】

各点間の測線は、方向と長さを持って表す。測線の上に長さを記入し、下に方位までの角度を記入する。

作業手順は、下記のようにする。

①始点 A から次点 B の方位角を求める。

② A—B 間の距離を測る。

③ A—B 間の測線は距離と方向を示す。

④測線の上側に距離、線の下側に方位との角度を記入する。

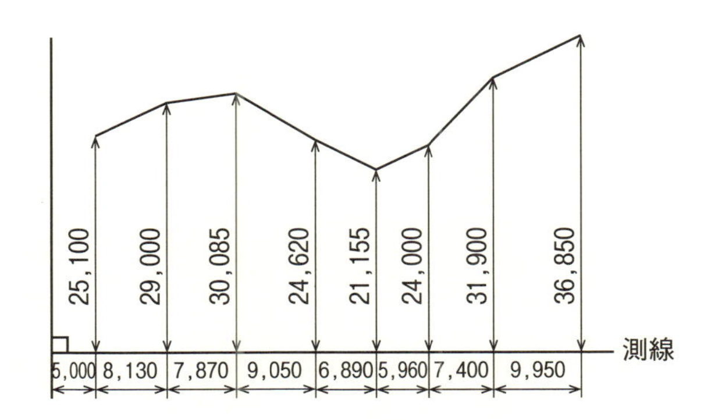

図 3-6 オフセットによる位置の表示

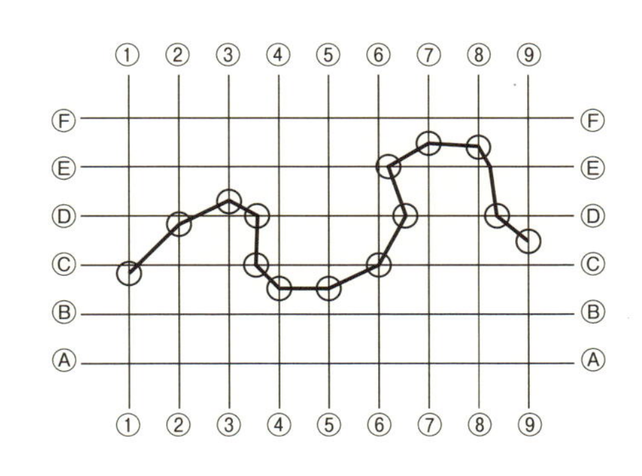

図 3-7 グリッドによる位置の表示

【作図要領】

①オフセットは、測線から各地点までの垂線の長さで表す。

ISO では、不規則な曲線の表示方法として示している。

②オフセットもグリッドも測線に沿って、多くの点をとればスムースな曲線となる。

3-1-5 位置を表す略号

位置を表す場合、必要に応じて表 3-1 の略号その他を用いてもよい。

表 3-1 位置を示す略号

略号	内容	英語
D. L	基準線	Datum Line
C. L	中心線	Center Line
B. M	水準点	Bench Mark
G. L	地盤高	Ground Line
W. L	水位高	Water Level
H. W. L	高水位高	High Water Level
L. W. L	低水位高	Low Water Level
F. L	床高	Floor Level
T. B. M	仮水準点	Temporary Bench Mark
F. H	計画高	Formation Height

3-1-6 計画敷地及び道路の高低差表示（設計 G.L、T.B.M の表示）

計画地及び道路を描く平面図上には、必ず設計 G.L 及び T.B.M を記入し、同時に設計 G.L と T.B.M の相関を記載すること。T.B.M または設計 G.L の何れかを ± 0 として表示する（図 3-8 では、T.B.M= 設計 G.L−500)。

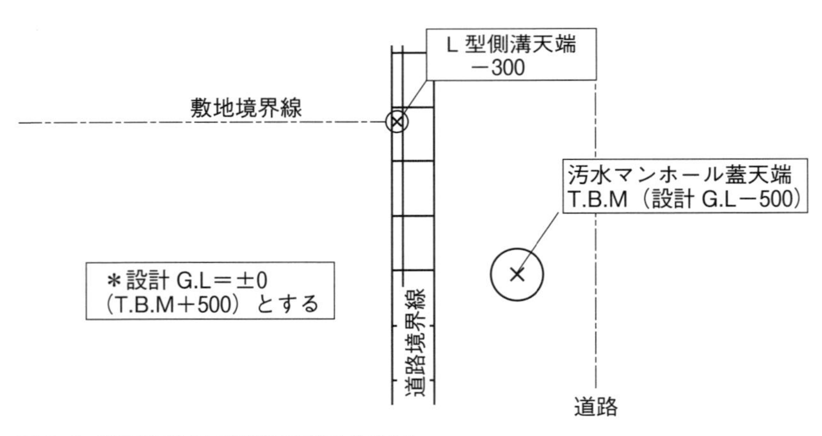

図 3-8 計画敷地及び道路の高低差表示

【作図要領】

①一般に道路の不動点を T.B.M にすることが多い。

小さな“×”印を記入し、その点を引き出し、その高さを記入する。

②設計G.L と T.B.M の相関関係を必ず図面上に記入する。また、平面図上に高さの数値を記入する場合は、他の寸法と区別するために□で囲む。

3-1-7 境界ポイントの表示と境界線の表示

道路境界線及び敷地境界線上に設置する塀などの施設の表示方法について、解説図を次に示す。

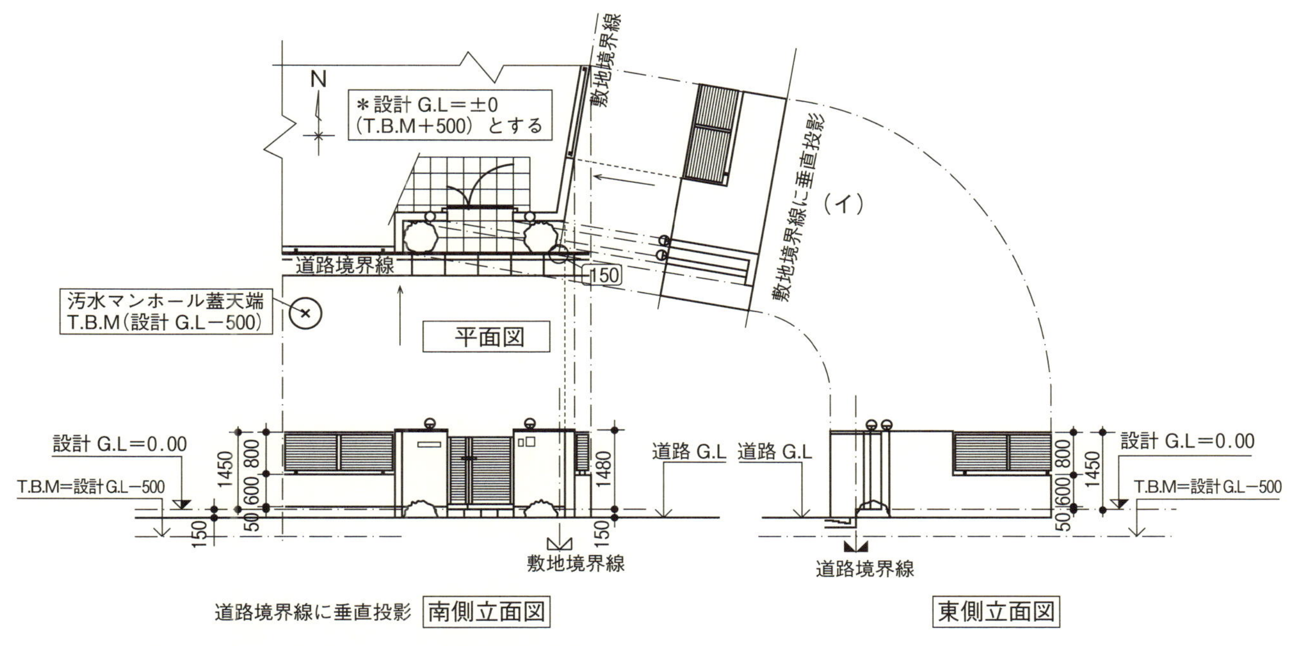

図 3-9 境界線上の施設（門、塀など）の立面表示と配置

【作図要領】

①境界線上の施設（門、塀など）の立面表示は、境界線上の施設に平行に垂直投影し、立面図とする。

②立面図の配置は、見やすいように用紙の上下に合わせて配置する。

③立面図の高さの表示は、基準高（設計 G.L）からの寸法を表す。

④各位置の高さは図 2-61 ①、基準高の表示は図 2-61 ②と同様。

⑤道路境界線、敷地境界線の立面表示は次図のように表示する。

道路境界線

図 3-10 道路境界線の立面表示

敷地境界線

図 3-11 敷地境界線の立面表示

3-2 地形の表示

3-2-1 等高線での表示

等高線によって地形を表す場合には、次の２種類の線を用いる（図 3-12）。

a）主曲線　　基準間隔の等高線（実線）

b）計曲線　　主曲線のうち一定の間隔で太めにした等高線（太めの実線）

主曲線 ――――――

計曲線 ――――――

図 3-12 等高線の種類

3-2-2 等高線の間隔

等高線の種類及び間隔は、表 3-2 を標準とし、図の用途、縮尺などを考えて適切に定める。

表 3-2 等高線の種類　　単位：m

縮尺	主曲線	計曲線
1：　50	0.1　m	0.5　m
1：100	0.25	1.25
1：200 ～ 1：500	0.5	2.5

3-2-3 計曲線

主曲線は、５本目ごとに太線で示し、計曲線とする。

計曲線：等高線の一種で、等高線を読みとりやすいように、いく本かの等高線に１本の割合で、主曲線より太めになっている線。

3-2-4 小規模地形の起伏表示

築山などの小規模な地形の起伏は、図 3-13 のような簡略な方法で示すことができる。

図 3-13 小規模な地形の起伏表示

3-2-5 地形数値の表示

作図の目的などから、等高線を用いない場合には、測量点、計画点などの高さの数値を記入して示すことができる。

3-2-6 地形の高さの記入

地形の高さの数値の記入は、次のいずれかによる。

a）　等高線の高さを示す場合には、等高線の上に数値を記入する（図 3-14 ①）。

b）　測量点、計画点などの高さを示す場合には、引出線を用いて数値を記入する。ただし、紛らわしくない場合には、引出線を省略することができる（図 3-14 ②）。

c）　現況高と計画高を併記する場合には、参照線をはさんで、上下二段書きとする。この場合上段に計画高、下段に現況高を記入する（図 3-14 ③）。

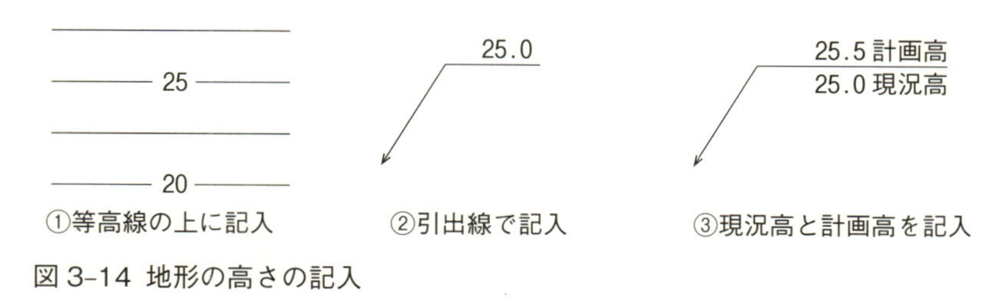

図 3-14 地形の高さの記入

3-2-7 法面の平面表示

法面の平面表示は、図 3-15 のいずれかによる。

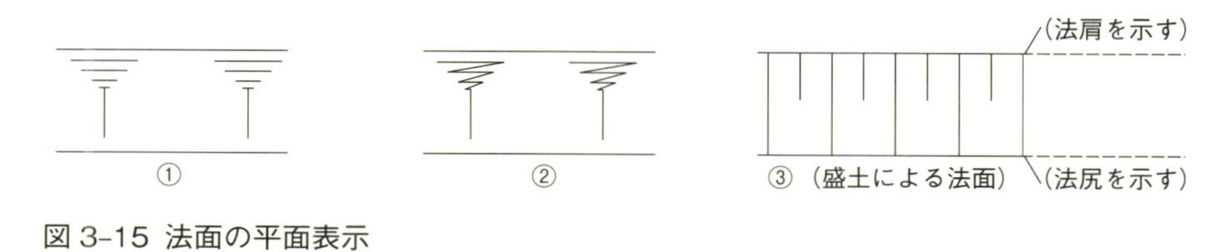

図 3-15 法面の平面表示

3-2-8 地形変更の平面表示

地形の変更を平面で表す場合は、原則として、現況地形の等高線を破線もしくは細い実線で、計画地形のそれを太い実線で、それぞれ表す（図 3-16）。

3-2-9 地形変更の断面表示

地形の変更を断面で表す場合は、原則として、基準線（基準高）を明記し、現況地形を破線もしくは細い実線で、計画線を太い実線で、それぞれ表す（図 3-16）。

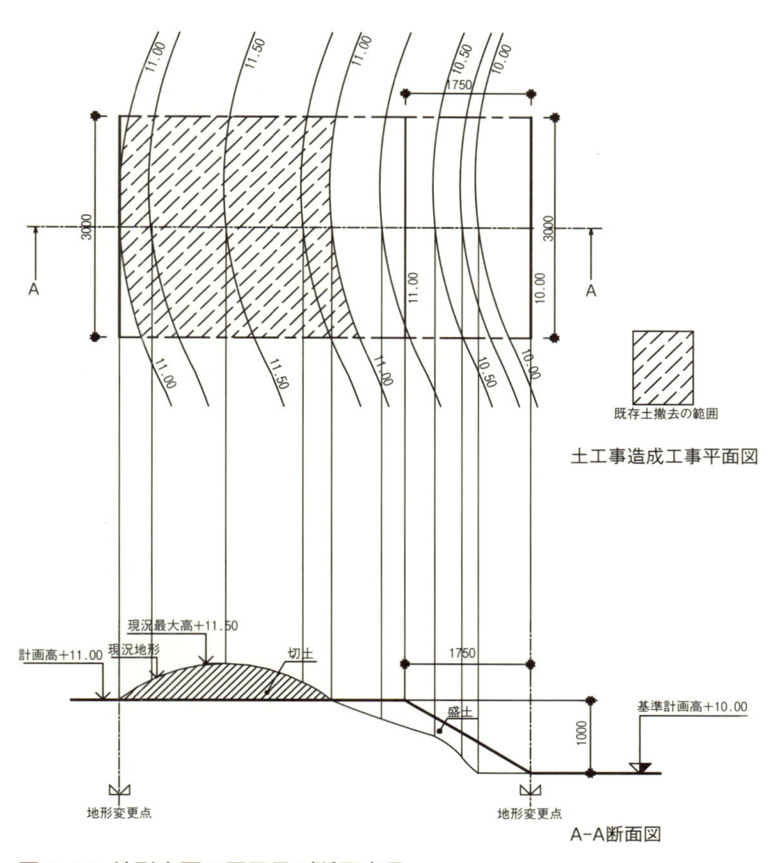

図 3-16 地形変更の平面及び断面表示

3-3 道路の表示

3-3-1 道路後退線の表示

道路に道路後退線がある場合は、後退前道路境界線と道路後退線の両方を表示すること。

なお、各境界ポイントを○印で囲み表記する（図 3-17）。

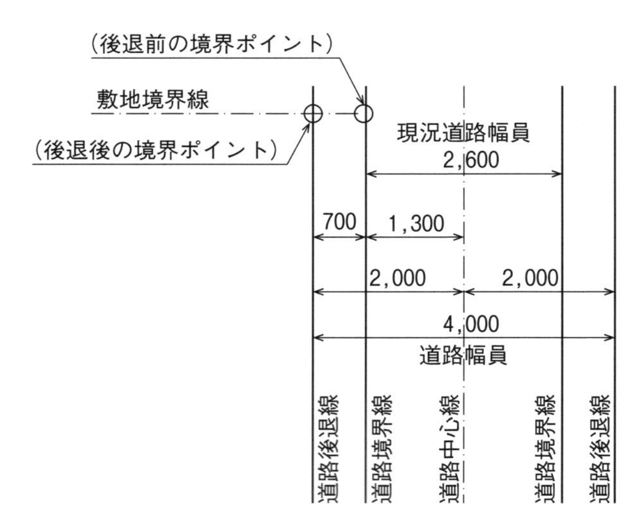

図 3-17 道路後退線の表示

【作図要領】

①道路後退前、後の境界ポイントを○印で囲む。

②後退寸法を記入する。

③道路後退線を実線で描く。

④道路境界線、道路後退線の両方を記入する。

3-3-2 道路幅員、道路中心線の表示

道路の表示は、道路の幅員寸法、道路中心線及び道路境界線までの寸法を、原則として表示する（図 3-18）。

3-3-3 道路側溝の表示

道路側溝は、必要に応じて表記する。なお、表記の場合は、U 形（規格、蓋の有無）、L 形（通常用、切り下げ用、斜め用）なども表記する（図 3-19）。

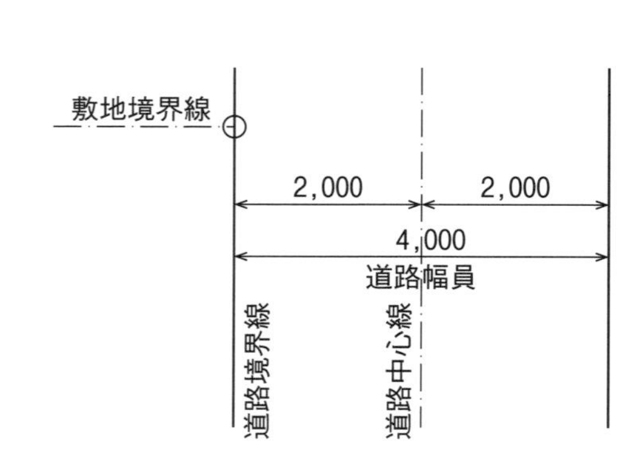

図 3-18 道路幅員、中心線の表示

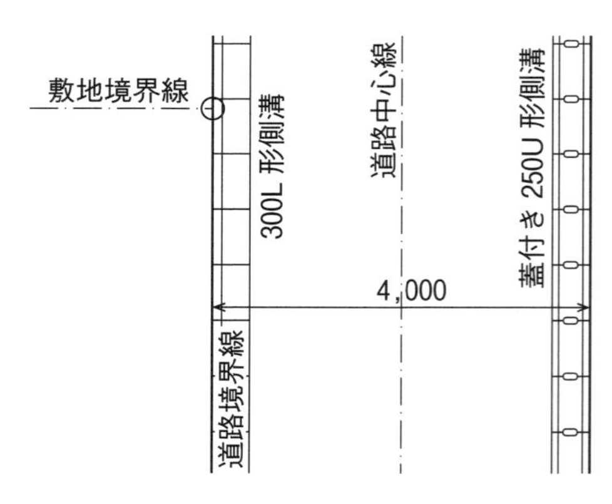

図 3-19 道路側溝の表示

3-3-4 道路内施設の表示

道路敷内に設けられている消火栓、電柱、電柱支線、交通標識、街路灯、ガードレール、マンホールなどの施設は、計画に係る範囲でもれなく記入する。なお、電柱は◒印、電柱支線は細破線、支線の終わりは黒丸で表示する（図 3-20）。

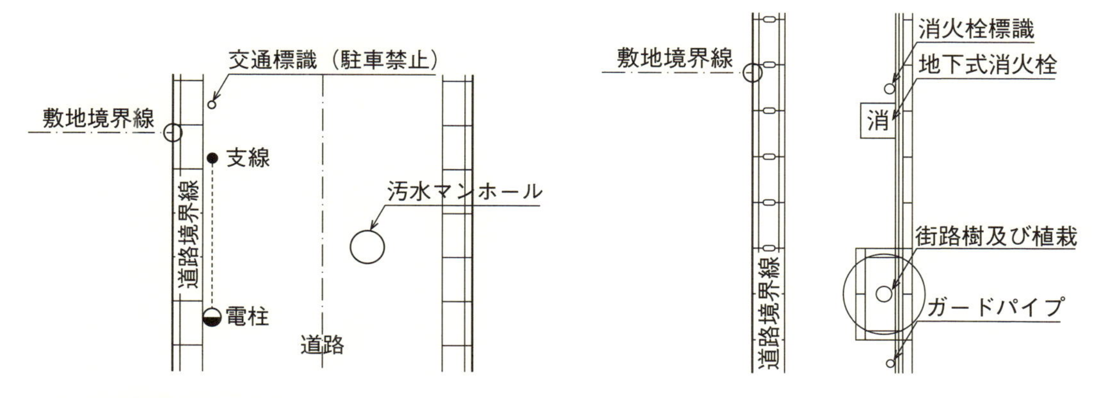

図 3-20 道路内施設の表示

3-3-5 側溝切り下げ位置の表示

一般図では、L 型側溝の切り下げ範囲を図 3-21 のようにＬ形天端を“×”印、斜め用を“＼”印で表示する。申請図及び施工図においては、目的に応じて詳細図を作成する。

3-3-6 歩道切り下げ位置の表示

一般図では、歩道の切り下げ位置をハッチングで表示する。申請図及び施工図においては、目的に応じて詳細図を作成する（図 3-22）。

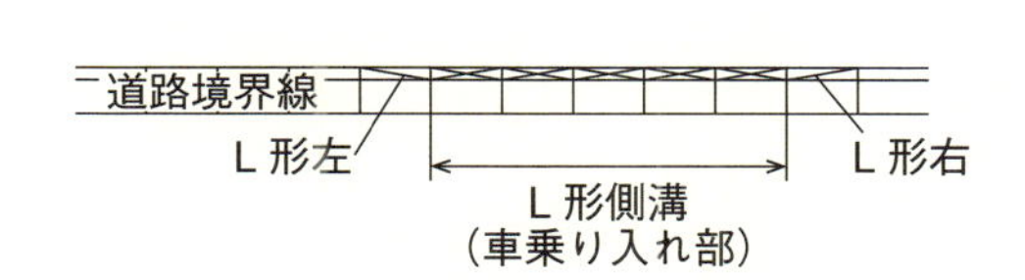

図 3-21 L 形側溝の切り下げ

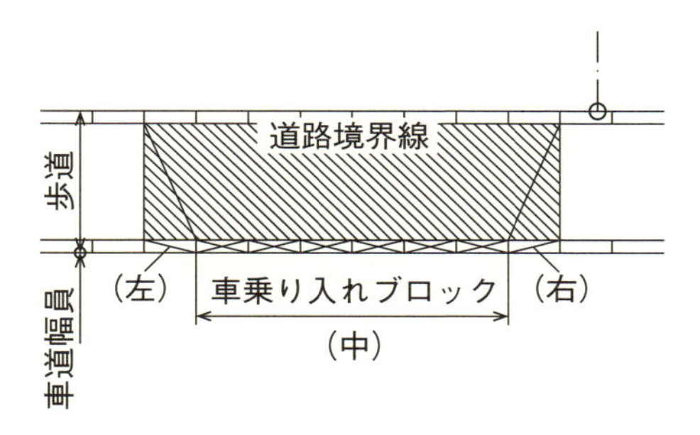

図 3-22 歩道の切り下げ

3-4 施設の表示

3-4-1 エクステリア施設の表示

エクステリアの施設は、必要に応じて平面記号、名称などの記入によって表すことができる（図 3-23）。

3-4-2 施設の平面記号

平面記号は、施設の平面形状及び外形線又はそれに代わる記号を用いる（図 3-23）。

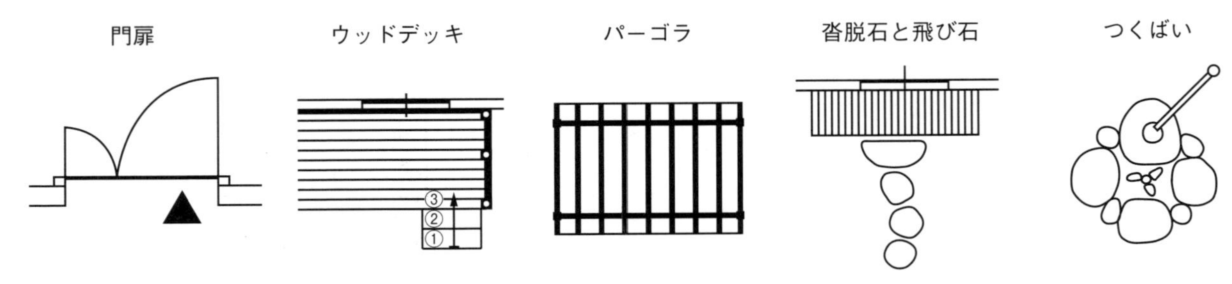

図 3-23 施設の表示

3-4-3 平面記号の縮尺

平面記号は、図面の縮尺に応じた正しい寸法で示す。ただし、作図上の理由から、正しい寸法で表すことができない場合は、それに近い概略の大きさで示してもよい。

3-4-4 施設名の表示

3-4-4-1 施設の規格表示

施設名に規格などを併記する場合には、施設名の後に記入する。

【記入例】　門扉：アルミ形材既製扉・07-12 両開き・柱使用（メーカー、品番）

3-4-4-2 施設に数量を記入表示

数量の記入を必要とする場合には、施設名の後に単位をつけて記入する。

【記入例】 コンクリート平板敷き・450×600×60-6 枚

3-4-4-3 施設名の引出線記入

施設名は、平面記号の外形線から引出線を引き、施設の名称又はそれに代わる略号を用いて記入する（図 3-24）。 ただし、紛らわしくない場合には、引出線を省略してもよい（図 3-25）。

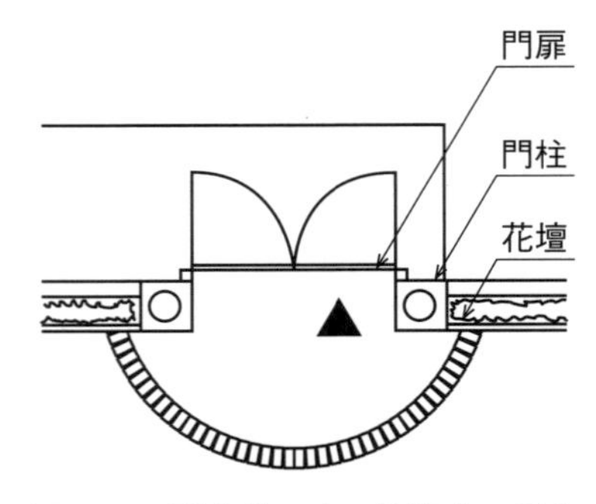

図 3-24 引出線による施設名の記入

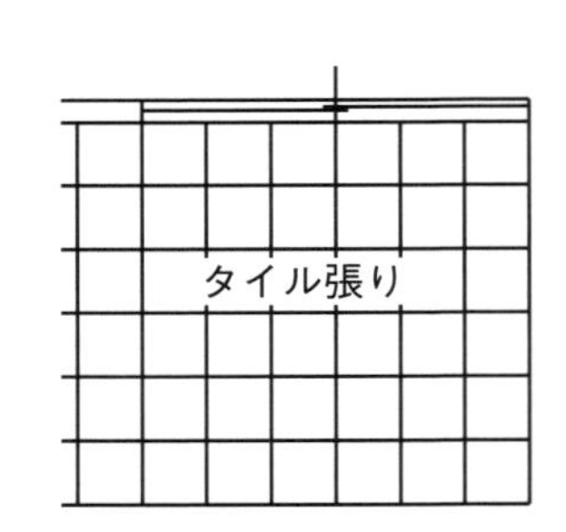

図 3-25 引出線省略の施設名記入

3-4-4-4 複数施設の表示

施設の平面表示が重なり合う場合は、基本的に水平投影によるが、いずれか一方の施設の平面記号を一点鎖線などで示してもよい。

また、一部の平面記号、施設に関しては、建築図に倣い、任意の高さで切断した水平断面図を採用できる。

3-4-5 施設の重なりの表示

図は水平投影図を基本とするが、対象物の重要度に合わせていずれか一方の外形線を一点鎖線で表示する。又は破断線を用い、上下対象物の区分けを表示する。建築図に倣い、対象物の最上外形線を水平断面にて作図する。横架材は省略してもよい（図3-26）（図3-27）。

複数の同一施設がある場合、紛らわしくなければ、いずれか平面記号に施設名を記入して、他は省略してもよい。

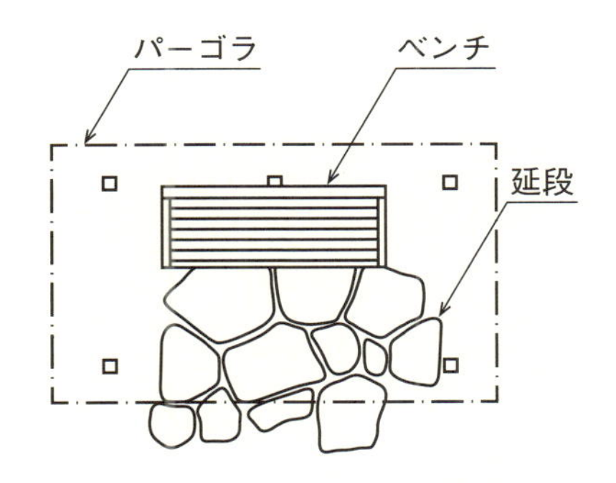

図3-26 一点鎖線で一方の施設を表示

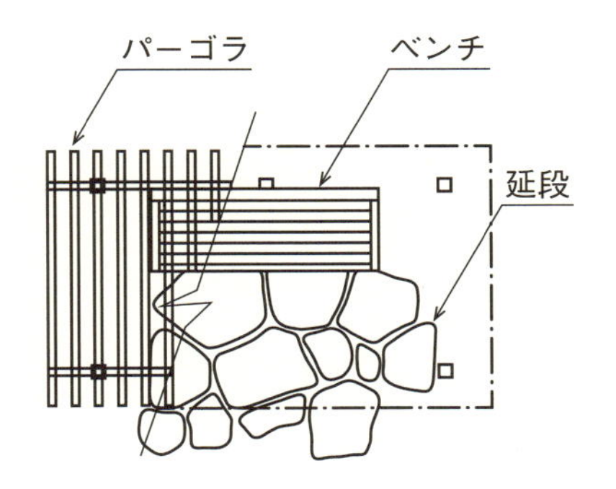

図3-27 破断線で上下の施設を表示

3-4-5-1 パーゴラとデッキの重なりの表示例

a）パーゴラは、外形線を一点鎖線で表示し、地盤より設置されている柱は実線、デッキを実線にて表示する（図3-28）。

b）パーゴラとデッキの重なりを破断線により区分けし、それぞれを実線で表示する（図3-29）。

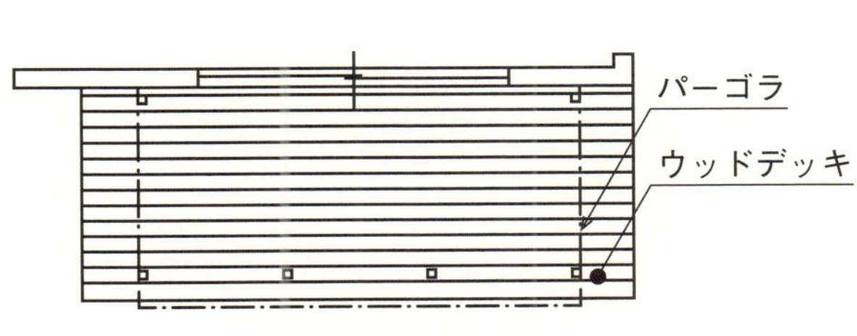

図3-28 パーゴラを一点鎖線で表示

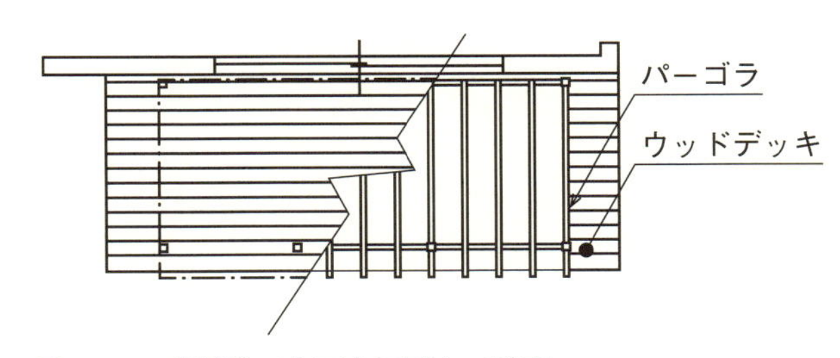

図3-29 破断線で上下を区別して表示

【作図要領】

引出線の端末記号の違いは、「2-7-4 引出線の端末」の項を参照。

3-4-5-2 屋根施設とデッキの重なりの表示例

a）屋根の外形線を一点鎖線で表示し、地盤より設置されている柱は実線、デッキを実線にて表示（図3-30）。

b）屋根とデッキの重なりを破断線で区分けし、それぞれを実線で表示する。横架材は省略してもよい（図3-31）。

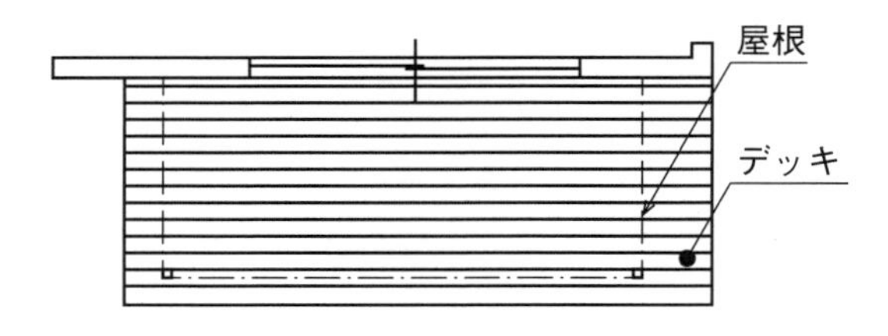

図 3-30 屋根を一点鎖線で表示

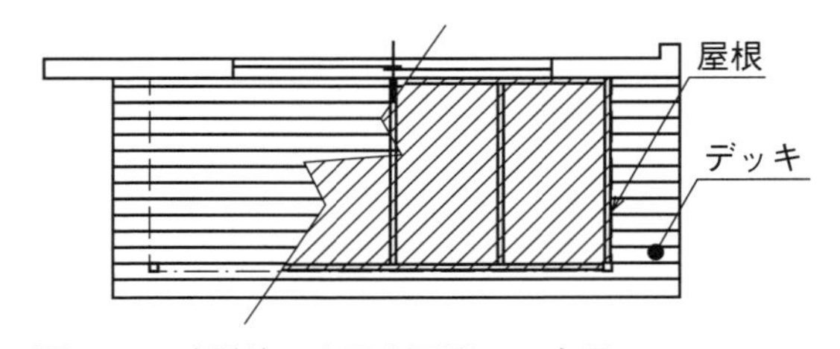

図 3-31 破断線で上下を区別して表示

3-4-5-3 屋根施設とテラスの重なりの表示例

a）屋根の外形線を一点鎖線で示し、地盤より設置されている柱は実線、テラスを実線にて表示する（図3-32）。

b）屋根とテラスの重なりを破断線で区分けし、それぞれを実線で表示する。横架材は省略してもよい（図3-33）。

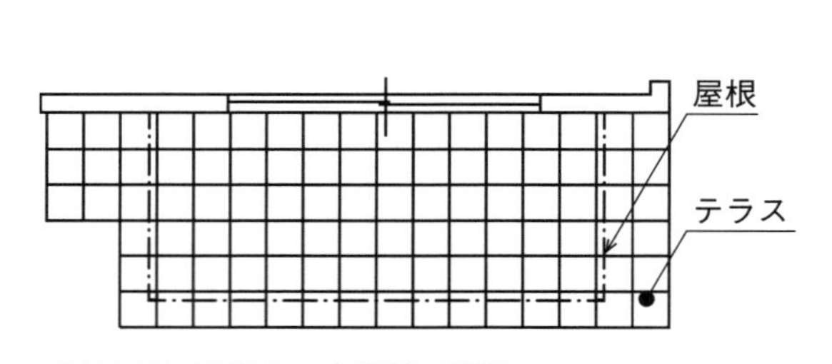

図 3-32 屋根を一点鎖線で表示

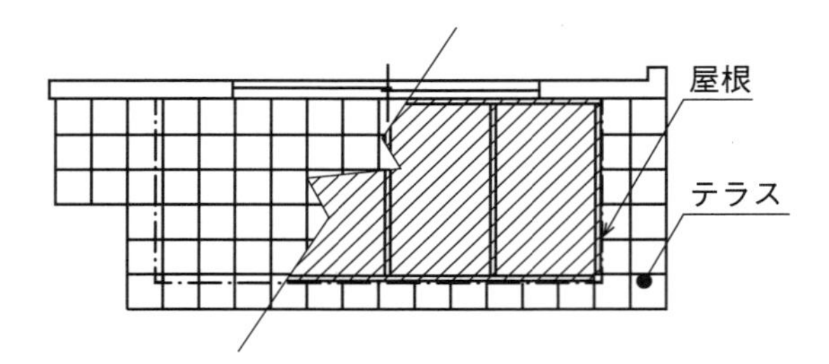

図 3-33 破断線で上下を区別して表示

3-4-5-4 駐車スペース屋根と床の重なりの表示例

a）空中にある屋根の外形線を一点鎖線で示し、地盤より設置されている柱を実線で表示する（図3-34）。

b）屋根とテラスの重なりを破断線で区分けし、それぞれを実線で表示する。横架材は省略してもよい（図3-35）。

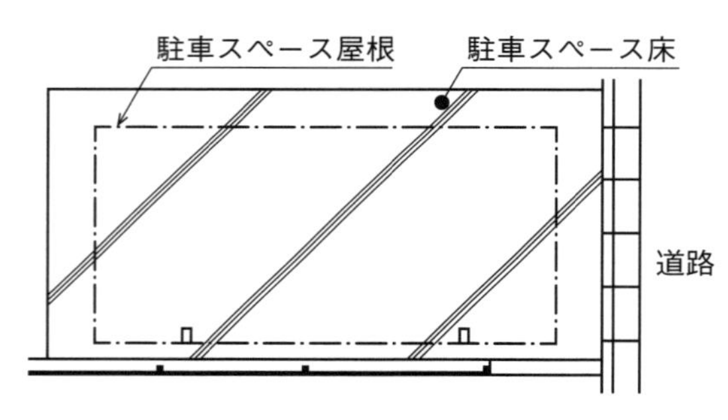

図 3-34 屋根を一点鎖線で表示

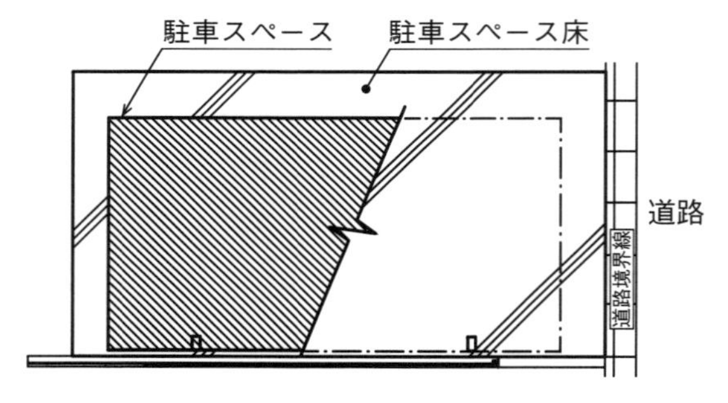

図 3-35 破断線で上下を区別して表示

3-4-6 階段の表示

平面図での階段表示は、踏面を記入し、その踏面部分に最下段を①とした数字の階段段数を表示する。又できる限り基準高からの仕上げ高さを記入する（図3-36）。

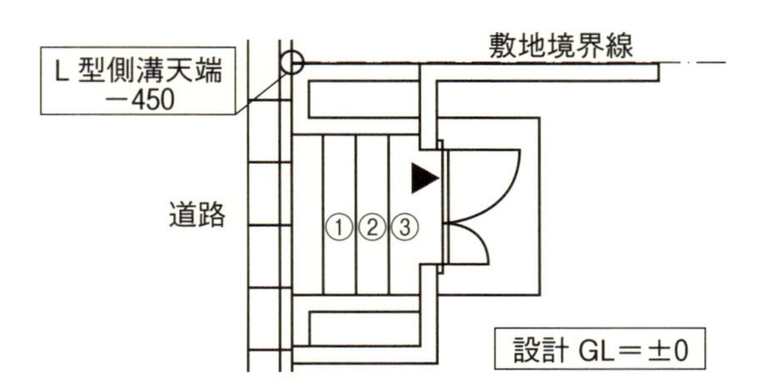

図3-36 階段の表示

3-4-7 エクステリア製品の表示

3-4-7-1 扉の表示

a)開き戸の表示

開き戸の平面図表示は、吊元及び開き軌跡を記入する。吊元は支柱式及び直付けの区別を表示する（図3-37）。

＊180° 回転の場合はその軌跡を表示

図3-37 開き戸の表示

b)扉の開き方表示

同じ幅・大きさの扉を左右に開く両開き、幅の大きさの異なる扉を左右に開く親子扉、一枚扉を開く片開きなど、開き方に合わせて描き分ける（図3-38）。

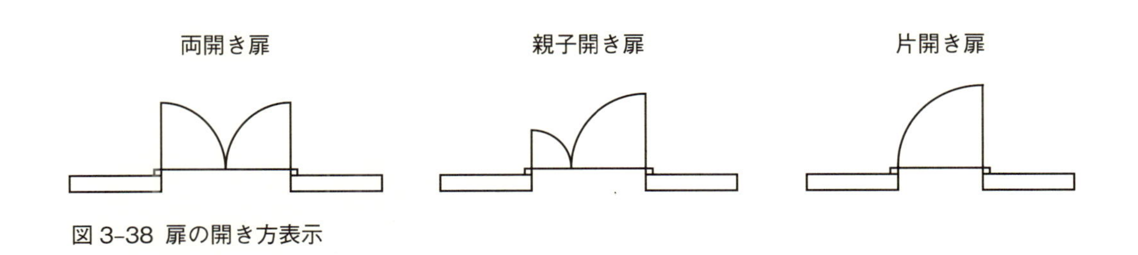

図3-38 扉の開き方表示

c)開き勝手の表示

両開き扉の通常開く扉（開き勝手）を示す場合は、扉前方近くに黒三角（▲）を入れる（図3-39）。

d)扉下の舗装仕上げの表示

扉の下に仕上げ舗装がある場合は、開閉軌跡部分の床模様を省略しないで描き込むものとする（図3-40）。

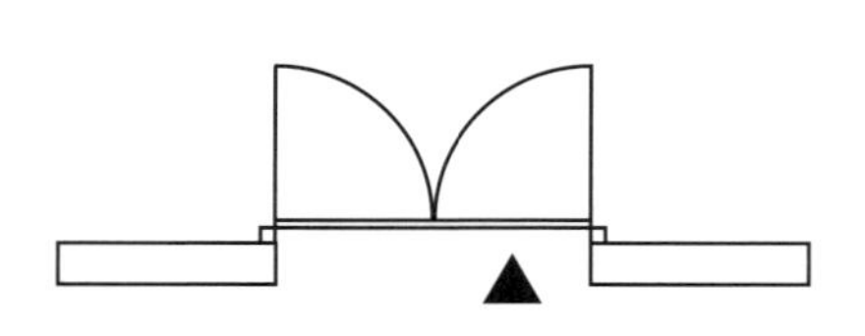

図 3-39 扉の開き勝手の表示

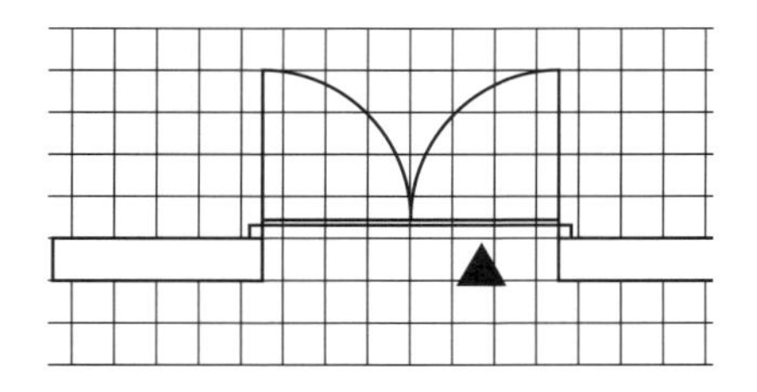

図 3-40 扉下床舗装の表示

3-4-7-2 伸縮扉の表示

伸縮扉の平面表示は、扉厚、開き方向、たたみ幅及び回転方向を明記する。開き方向は受け側から吊元方向へ矢印を記入する。さらに、たたみ代の回転軌跡を破線で記入する。片引き、両引きの区別も記入（図3-41）。立面表示は扉模様の上方に開く方向を示す矢印を記入する（図3-42）。

片引き伸縮扉

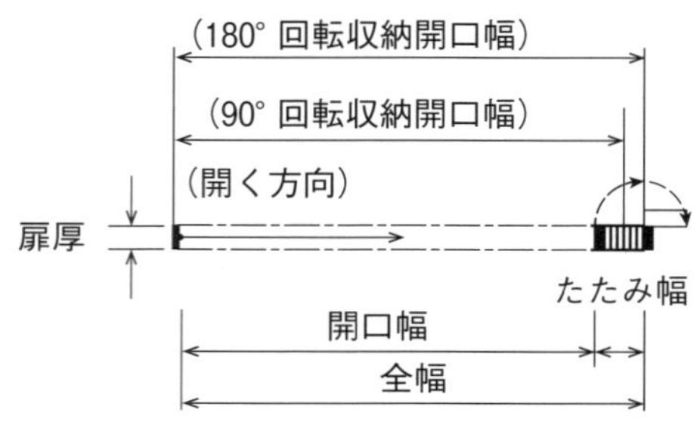

両引き伸縮扉

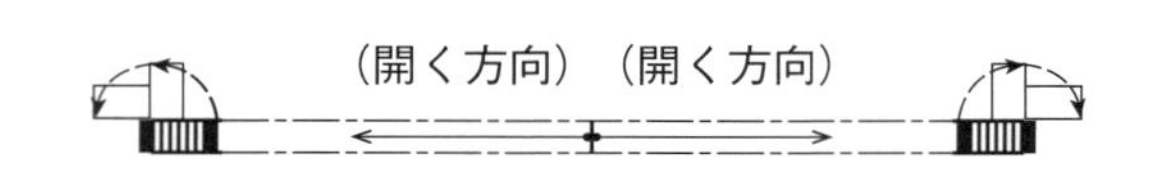

図 3-41 伸縮扉の平面表示

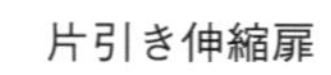

(開く方向)

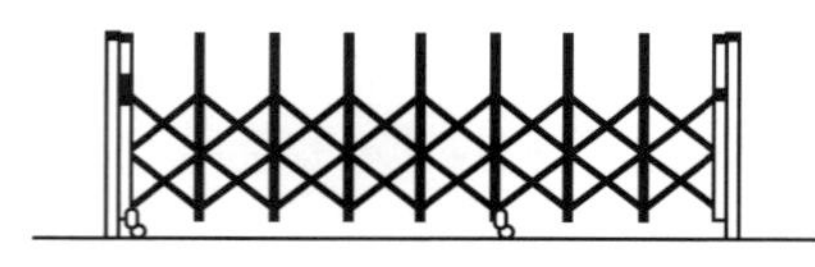

両引き伸縮扉

(開く方向) (開く方向)

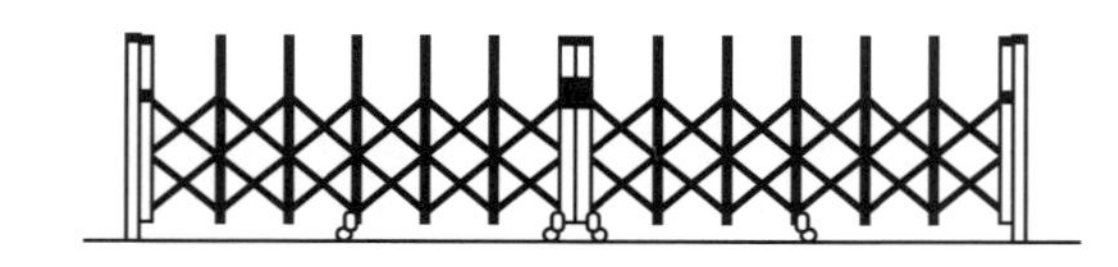

図 3-42 伸縮扉の立面表示

3-4-7-3 跳ね上げ式扉の表示

平面表示は、扉と支柱の組み合わせを記入し、立面では、跳ね上げ方向へ矢印を記入する（図3-43）。

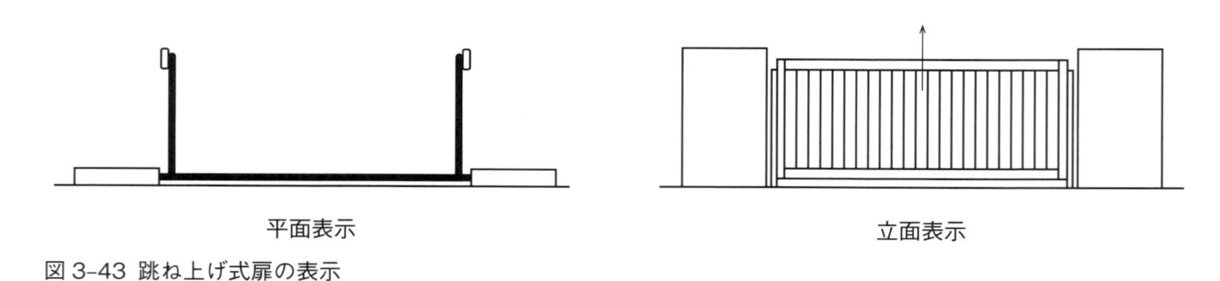

図 3-43 跳ね上げ式扉の表示

3-4-7-4 シャッター及びゲートの表示

ゲートの平面表示は、空中にある躯体外形を一点鎖線で表示、地盤より設置されている他の躯体は実線で記入し、スラットは太実線で記入する。シャッターボックスは空中にあるので一点鎖線の表示とする（図3-44）。

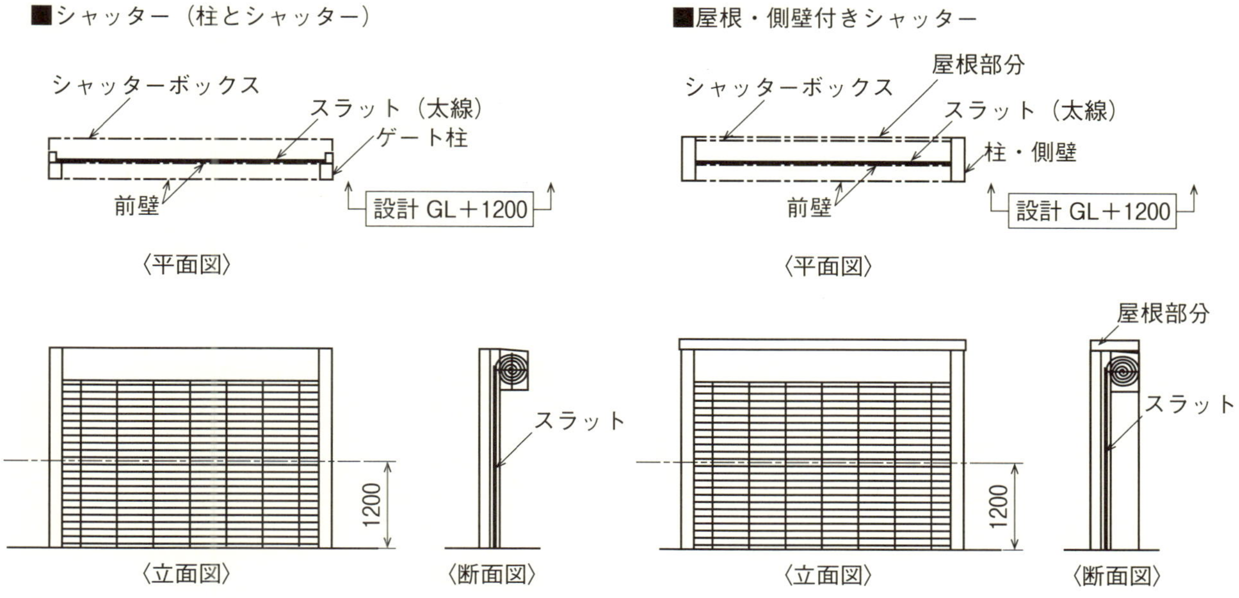

■シャッター（柱とシャッター）
シャッターボックス
スラット（太線）
ゲート柱
前壁
設計 GL＋1200
〈平面図〉
■屋根・側壁付きシャッター
屋根部分
シャッターボックス
スラット（太線）
柱・側壁
前壁
設計 GL＋1200
〈平面図〉
1200
スラット
〈立面図〉
〈断面図〉
屋根部分
スラット
1200
〈立面図〉
〈断面図〉

図3-44 シャッターの表示

【作図要領】

①施設設置付近からの水平断面高さを決めて、平面図を描く。
②実線と一点鎖線の使い分けは、本文の通り。
③平面図付近に水平切断面記号で断面高さを記入する。
④建築図の表現に倣い、水平断面図を表記する。

設計GL ＋ 1,200

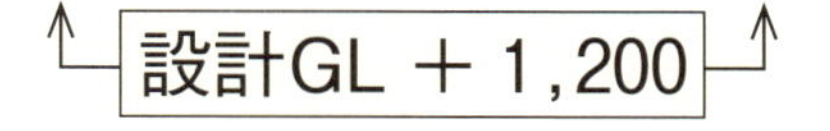

3-4-7-5 引戸の表示

平面表示は、扉と支柱、引込などの組み合わせを記入する。立面では、引込む方向に矢印を記入する（図3-45）。

（開く方向）
有効開口幅
施工に必要な開口
〈平面図〉
（開く方向）
〈立面図〉

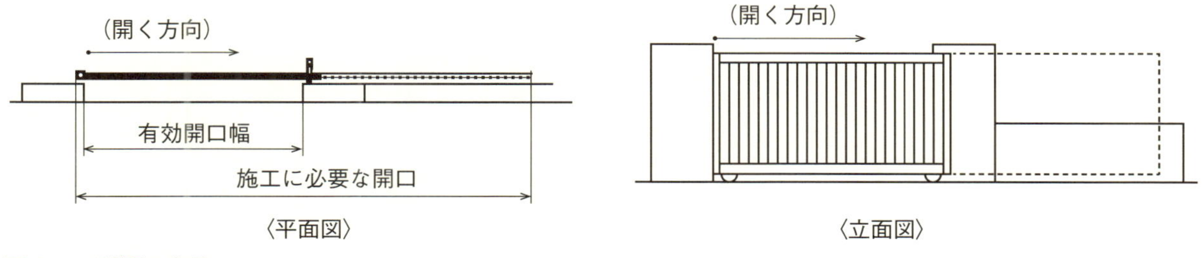

図3-45 引戸の表示

3-4-7-6 車止め（ポールと鎖）の表示

平面表示は、車止めのポールと鎖の組み合わせで記入する。ポールを○印で表し、鎖を点線で表示する。ポールは固定式、可動式の区別は名称で記入する。また、固定式、可動式区別は立面図でもできる限り記入する（図3-46）。

上下可動式車止め
上下可動式車止め
固定式車止め
道路境界線
〈平面図〉
道路 G.L
〈立面図〉

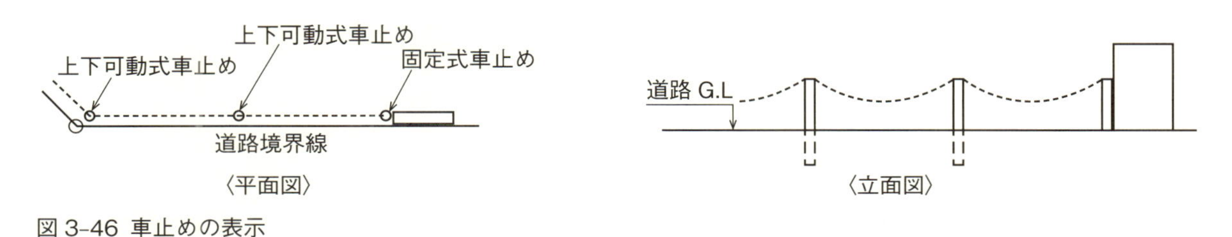

図3-46 車止めの表示

3-4-7-7 フェンスの表示

フェンスは独立基礎又は壁置きに区別され、独立基礎は支柱の基礎ごとに記入し、壁置きは壁の厚みの中に支柱とフェンスを記入する。フェンスの厚みと支柱は実線で表示する。尺度により間柱式と自在柱式の区別を表示する（図 3-47）。

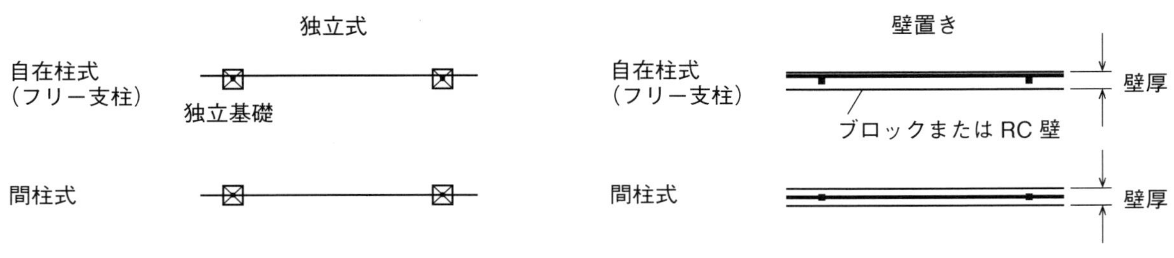

図 3-47 フェンスの表示

3-4-8 照明器具の表示

使用照明器具の平面図表示は、電気設備記号を用いず、器具の水平投影を表示する（図 3-48）。

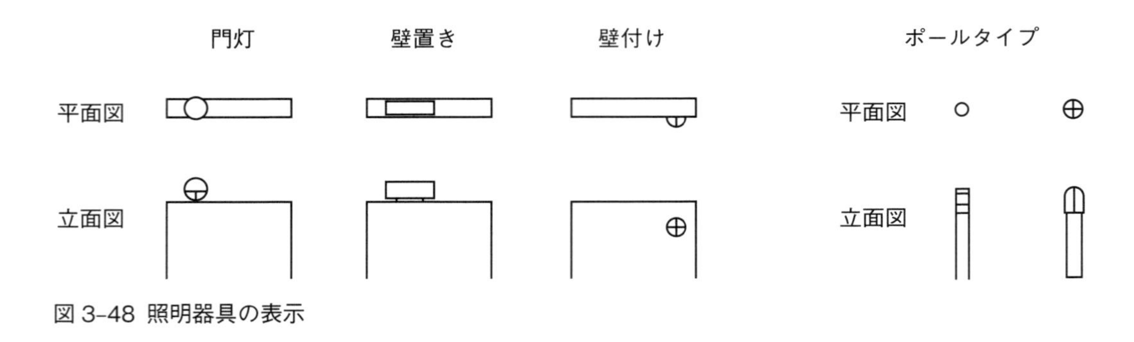

図 3-48 照明器具の表示

3-4-9 宅地内の設備表示

宅地内に設置されている給排水、電気、ガス関連施設の位置を表示する（図 3-49）。

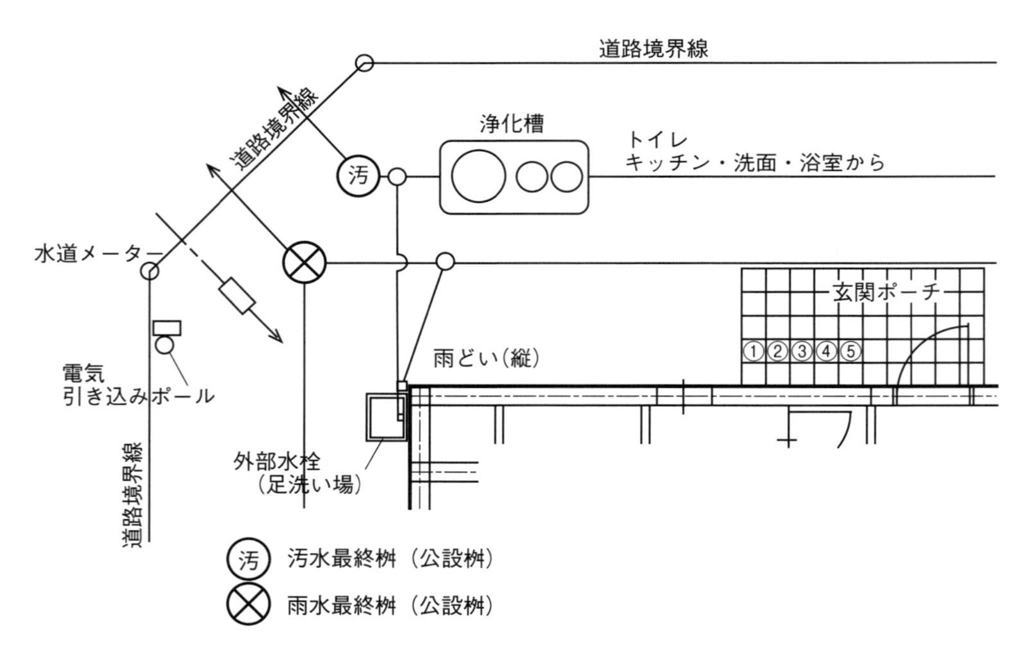

図 3-49 宅地内の設備表示

3-5 植栽の表示

3-5-1 植栽表示の基本事項

植栽の表示は、平面記号、植物名又はその略号、規格及び数量などの記入によって表示する。

3-5-2 平面記号の表示

3-5-2-1 樹木の平面表示

樹木は、原則として実線の円で示す。ただし、必要に応じて、外形線の変化、ハッチングなどにより他と区別してもよい（図3-50）。

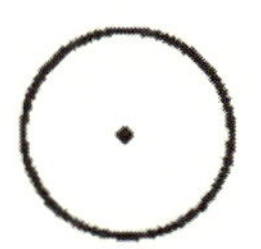
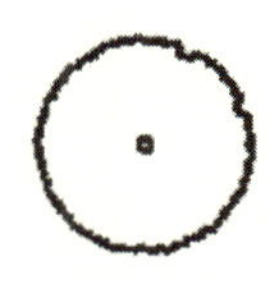
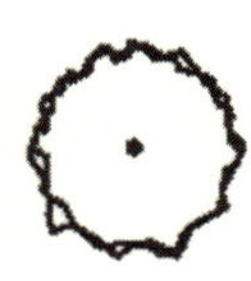
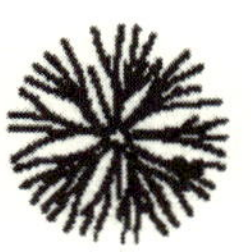
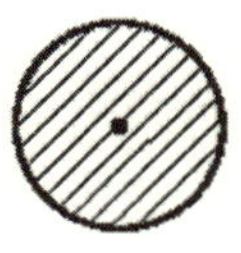

図3-50 樹木の平面表示

3-5-2-2 平面記号の大きさ

平面記号の大きさは、原則として計画時の樹木の枝張り（葉張り）の概略の寸法を示す（図3-51）。

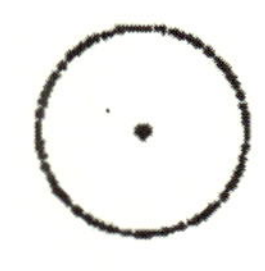

※葉張りの線が計画地を越境しないよう注意。

図3-51 樹木の平面記号の大きさ

3-5-2-3 樹木の幹の表示

幹の位置を明示する必要がある場合には、次の図による（図3-52）。

幹の位置を明示した図

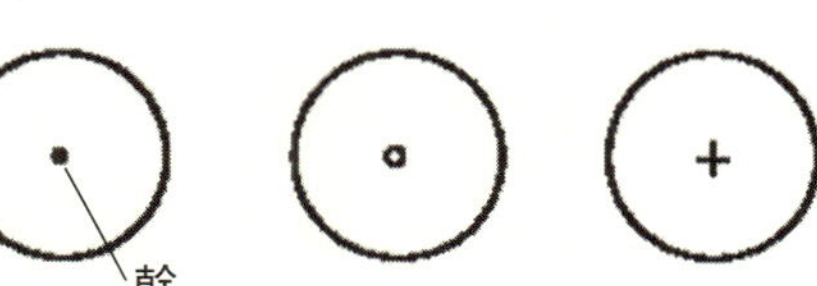

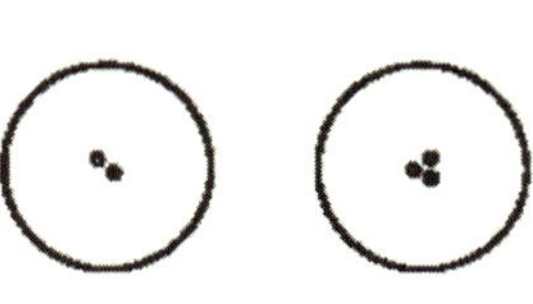

図3-52 樹木の幹の表示

3-5-2-4 樹木群の表示

樹木を群れとして示す場合には、群れの外形線で表す（図3-53）。

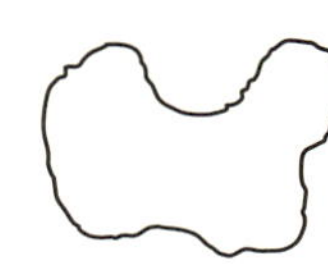

図3-53 樹木群の表示

3-5-2-5 地被類の表示

芝生、笹などの地被類は、その範囲を示す外形線で表す。ただし、必要に応じて、外形線の変化、ハッチングなどにより他と区別してもよい（図 3-54）。

図 3-54 地被類の表示

3-5-2-6 区画に囲われた地被などの表示

芝生などで、その植栽範囲が縁石その他の区画線によって明確な場合は、植栽の外形線を省略してもよい（図 3-55）。

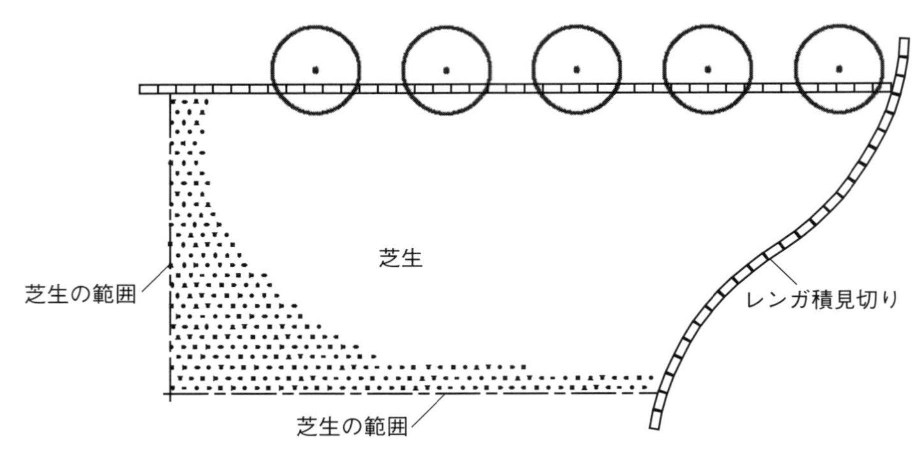

図 3-55 植栽外形線の省略例

3-5-3 植物名の表示

植物名は、原則として和名の標準名とする。さらに、植物名は、原則として片仮名で表記する。ただし、凡例や植栽リストなどで明確であれば図中では略号を用いてもよい。

【記入例】　・「はなみずき」あるいは「花水木」を「ハナミズキ」と記入。

・（は）：ハナミズキ　　あるいは、（ハ）ハナミズキ

※略号使用の場合は、凡例により内容を説明する。

3-5-4 植栽の規格表示

3-5-4-1 樹木の規格表示

樹木の規格は、原則として、［高さ：H、幹周：C、枝張り（葉張り）：W］とする。また、必要に応じ、枝下などで示す。なお、単位は m（メートル）とし、単位記号をつける。

【記入例】　・ハナミズキ　H= 4.0 m　C =0.18 m　W= 1.5 m

3-5-4-2 地被類の規格表示

地被類などは、高さ、葉張り、つる長、鉢径など適切な規格で示す。なお、単位は cm（センチメートル）とし、単位記号をつける。

【記入例】　・ヘデラヘリックス　L＝30 cm　　・オカメザサ　ϕ 12 cm

・タマリュウ　3 芽立

3-5-5 植栽数量及び密度などの表示

3-5-5-1 数量の表示

数量は、規格の次に記入し、必要に応じて単位をつける。

【記入例】　・ハナミズキ H=4.0 m　C=0.18 m　W=1.5 m—3 本

3-5-5-2 平面記号への表示

平面記号で数量が明確に読みとれる場合には、図中の数量記入は省略してもよい。

3-5-5-3 同一の種類・規格の表示

同一の種類・規格の植物を連続又は近接して表す場合には、次の図のような方法などで数量を示してもよい（図 3-56）。

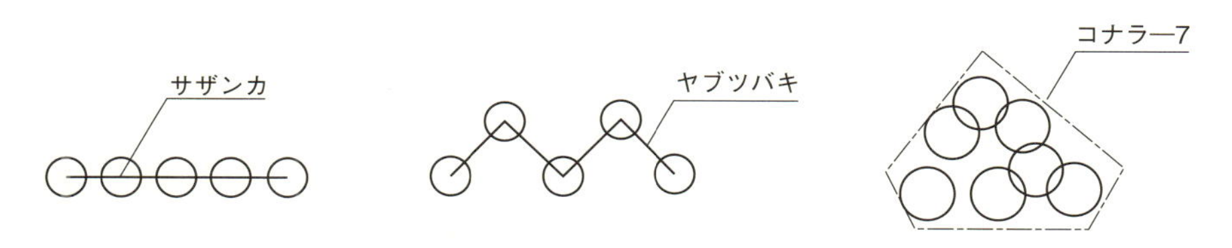

図 3-56 同一の種類・規格の植物の表示

3-5-5-4 植栽密度の表示

下草及び灌木は、名称に続けて規格を記入し、次に単位当たりの植栽密度を記入する。

【記入例】　・サツキツツジ　：H=0.3 m　C= −　W=0.3 m　8 株 /m^2
　　　　　　・コグマザサ　　：ϕ 10.5 cm　3 芽立　60 鉢 /m^2
　　　　　　・サザンカ生垣樹：H=1.2 m　3 本 /m

3-5-5-5 混合植栽の表示

群れを示す外形線の中に、２種以上の植物による混合植栽を表すことができる。その場合には、群れを構成する植物名と数量及び必要に応じて構成比率を記入する（図 3-57）。

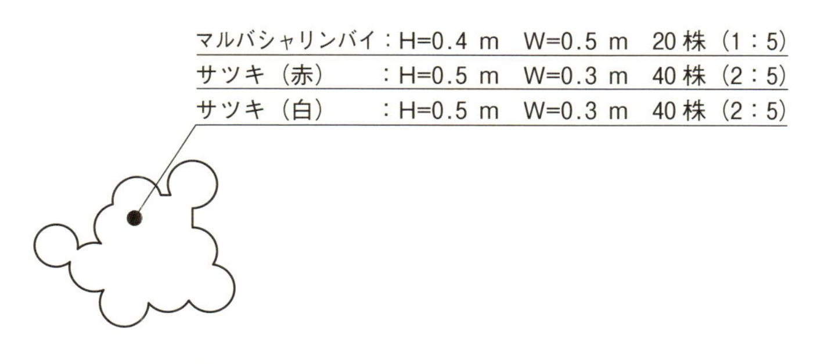

図 3-57 混合植栽の表示

3-5-5-6 図上での煩雑な場合の植栽表示

樹木や灌木、下草などの名称や表示記号が図面上で煩雑になり、判別しがたい場合には、樹木や灌木の表示部位に記号をつけ、別表のリスト表により必要項目を記載する（表 3-3）。

表 3-3 植栽リスト（例）

記号	樹木名	形状寸法			支柱	数量	単位	備考
		H	C	W				
カ	カツラ	4.0	0.2	2.5	二脚鳥居	3	本	シンボルツリー
エ	エノキ	4.0	0.2	2.0	二脚鳥居	2	本	サブシンボルツリー
オ	オガタマノキ	3.5	0.1	1.5	二脚鳥居	1	本	
メ	メタセコイヤ	3.0	0.12	1.0	八つ掛け	1	本	
キ	キンモクセイ	2.5	0.1	1.2	八つ掛け	3	本	
ウ	ウメモドキ	1.2	―	0.5	なし	5	本	
ヤ	ヤマブキ	1.0	―	0.4	なし	3	本	
	花灌木寄植	0.3	―	0.3	なし	25	株	
	コグマザサ	POT ϕ 10.5　3芽立				60	株	10株 /m^2
	芝　生	ベタ張り				15	m^2	目土共

第４章
エクステリア図面の構成

4-1 エクステリアの作図

エクステリアの作図において作成される図面の主要なものをあげると表4-1に示すようなものがある。エクステリアの作図において、平面図とは基本的に水平投影図であるが、その性格上、樹木の外形線内側は透過させて表すものとし、一部の施設においては、建築図にならい、任意の高さで水平に切断し、それを上部から見て示すこともできる。

また、正面図、側面図、背面図を立面図といい、それを見る方向により、東立面図、西立面図などと呼ばれ、その方向は、主に建物の周囲に垂直投影とするが、エクステリアの主要構造物に垂直投影とする。

図面の用途や構成、表現について、明確にすることを目的に、図面の用途をプレゼン用、設計図書用に分けて、それぞれの作図要領をまとめた。

下記のように作図の用途や目的を明らかにすることにより、理解の混乱を招かないようにすることを重視する。

4-2 図面の用途別作成内容

どのような目的で図面を作成するのかと考えると、プレゼン用、設計図書（契約図書）に分けることができる。目的を最も的確に実現するために作成することが大切であるので、ここで各用途別作図を明確にする。

4-2-1 プレゼン用作図として

■目的：顧客に設計意図を魅力的に、分かりやすく伝達することを主眼に作成する。着彩や透視図法などを用い、まとめ方も含め分かりやすい表現となる図を作成する。

■構成：表紙、設計意図、平面図、立面図、完成予想図、必要に応じ周辺環境図、写真、イラストなど。

■作図：製図基準にとらわれないで設計意図の伝達を重視し、用紙の大きさや色、構成順序、尺度は自由。

4-2-2 設計図（契約図書）として

■目的：打合せ終了後、契約図書として作成する図面。顧客と契約した内容や設計意図が間違いなく施工されることを主眼に、後日紛争にならないように決め事を明確に表示する。成約物件のみについて作成。

■構成：表紙、案内図、仕上表、仕様書、平面図（施設・植栽）、立面図、詳細図、必要に応じ完成予想図、使用資材製品図。

■作図：製図基準を遵守し、用紙、工事名称、図面名称、縮尺、図面番号、作成者、作成年月日を記入する。特に仕上表や仕様書に注意して、材料や仕上げ、色、隠蔽部分などの明快な図面を作成。

4-3 図面の名称と表現内容

表4-1 図面の用途と表現内容

図面名称	プレゼン用	設計図書		備考
表紙	○	○	・用紙の大きさを統一する。	・図面用途に合わせた表紙とする。
図面リスト	△	○	・製図基準を守る。 ・作成された図面の目次を作成。	・図名と図番の目次とする。
案内図、現況図	△	○	・製図基準を守る	・建築図面からの準用可。
仕上表	○	○	・製図基準を守る。	・別紙参考リストを採用する。
仕様書	×	○	・添付リスト参照。	・別紙参考リストを採用する。
ゾーニング図	○	△	・必要に応じて作成。	・部位、設計意図、動線などを記入。
一般平・立面図	○	○	・製図基準を守る。 ・必要に応じ尺度や用途を考える。	・一般図、詳細図や植栽、施設などの用途に合わせ作成。

詳細図 （平・立・断面）	△	○	・製図基準を守る。 ・必要に応じ尺度や用途を考える。	・平面、立面、展開、断面図など、効果的に表現できる図を用いる。
植栽計画図	△	○	・製図基準を守る。	・図の名称記入や植栽リストを用いる。
設備図	△	○	・製図基準を守る。	・給排水・電気外部系統図参考図。
製品図	△	△	・製図基準を守る。	・使用資材、商品のカタログや姿図とし、縮尺は自由。
完成予想図	○	×		・設計図書に参考図として添付も可能。

注）○印は必要、△印は必要に応じ、×印は不要。

4-4 各図面作成時の注意事項

4-4-1 表　紙

①プレゼン用：台紙の大きさや色などを自由に選び、計画の意図を分かりやすく、魅力的に伝える工夫をして作成する。

②設計図書用：指定用紙を用いて作成する。色紙などは用いず、必要な要件のみで作成する。図面リスト（図書目録）を記入してもよい。

【作図要領】

工事名称、作成年月日、作成会社名（個人名）は必ず記入する。

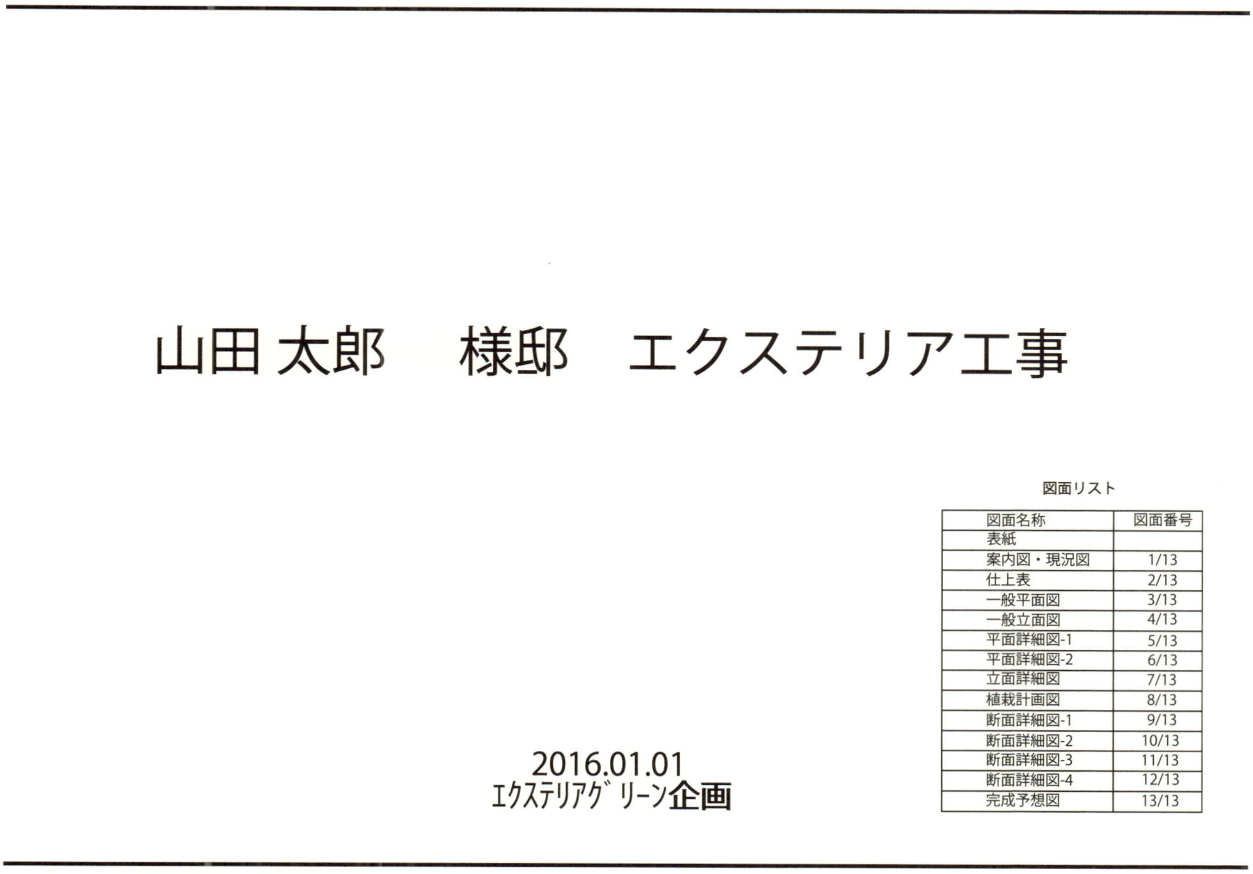

山田 太郎　様邸　エクステリア工事

図面リスト

図面名称	図面番号
表紙	
案内図・現況図	1/13
仕上表	2/13
一般平面図	3/13
一般立面図	4/13
平面詳細図-1	5/13
平面詳細図-2	6/13
立面詳細図	7/13
植栽計画図	8/13
断面詳細図-1	9/13
断面詳細図-2	10/13
断面詳細図-3	11/13
断面詳細図-4	12/13
完成予想図	13/13

2016.01.01
ｴｸｽﾃﾘｱｸﾞﾘｰﾝ企画

図 4-1　表紙の参考例（設計図書用）

4-4-2 案内図

①プレゼン用：必要に応じて作成するが、作成する場合は環境や植生を意識し、提案として有効に活用できるように作成する。用紙や尺度は自由。

②設計図書用：指定用紙を用いて作成する。建築時に作成した案内図を利用してもよい。竣工後の利用も考慮して正確な案内図とする。

【作図要領】

①案内図は誰でも施工現場にたどり着けるようランドマーク、駅などを入れて、分かりやすく工夫して作成する。街区図には、施主名と現場住所を明記する。

②現況図と一緒にしてもよい。

4-4-3 現況図

①プレゼン用：必要に応じて作成するが、作成する場合は環境や植生を意識し、提案として有効に活用できるように作成する。用紙や尺度は自由。

②設計図書用：指定用紙を用いて作成する。建築時に作成した現況図、建物配置図を利用してもよい。建物は間取りのある図を用いる。着工前の状況を知ること考慮した、正確な現況図とする。

③案内図と一緒にしてもよい。

【作図要領】

周辺の環境や設備（上下水、ガス、電気、電柱）、高低差（道路と宅地、隣地と宅地）、道路情報（歩道、側溝、幅員など）、隣地建物、構築物情報、方位など知りうる限りの情報を記入することが重要。

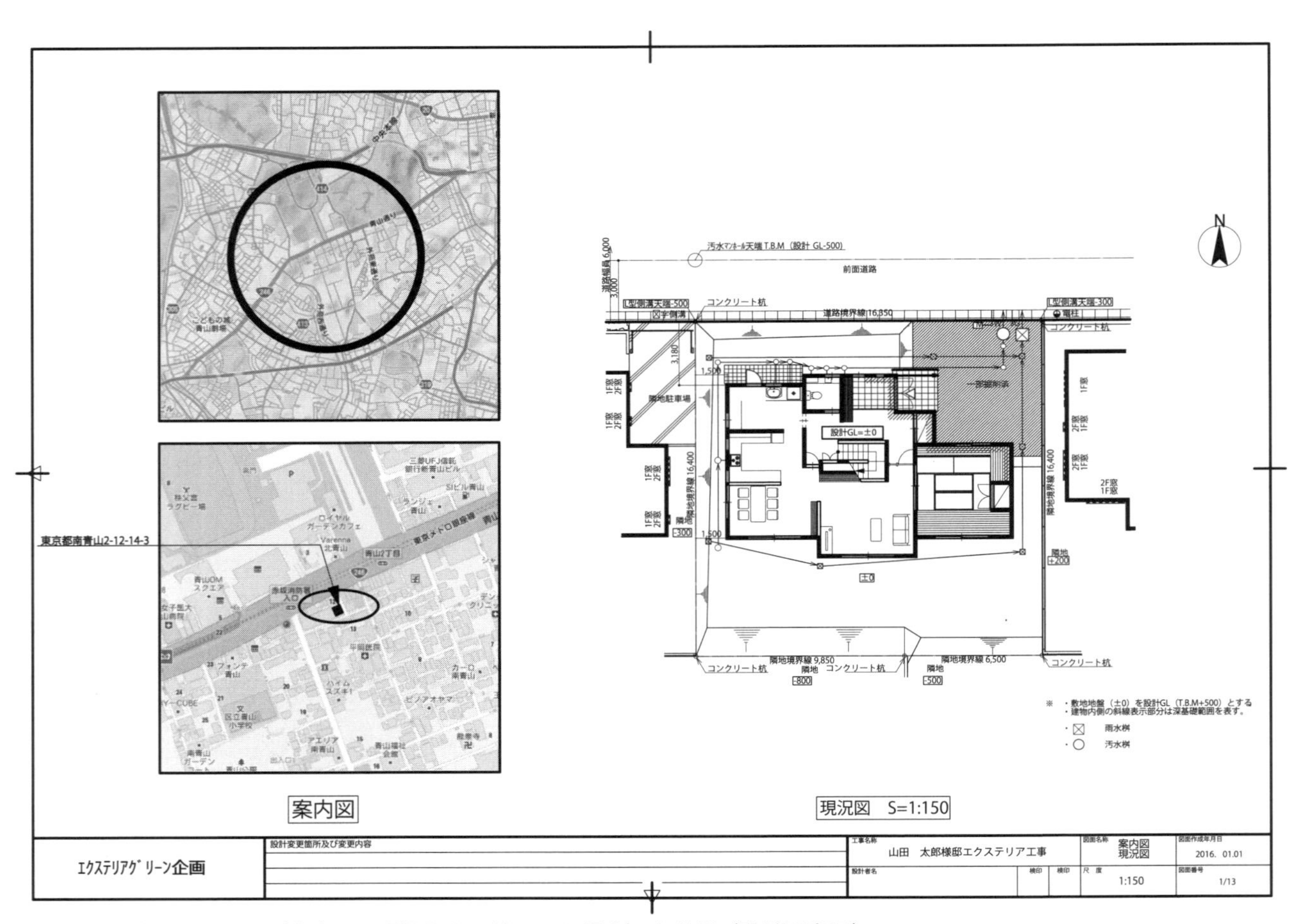

図 4-2 案内図・現況図（案内図と現況図を一緒にした場合）参考例（設計図書用）

4-4-4 仕上表

①プレゼン用：必要に応じて作成するが、作成する場合は提案として有効に活用するようにする。記入作成方法は自由。具体的な仕上げというよりも、設計意図の表現を優先した記述が望ましい。

②設計図書用：指定用紙を用いて作成する。あらかじめ仕上表の形式を定め、部位ごとの下地、仕上げ、

使用資材製品名、メーカー名などを明記する。計画内容が少なく簡易な計画の場合は、仕上表を用いないで、平面図に直接名称を記入する方法を用いる。

【作図要領】

仕上表を用いない場合、直接記入する名称は、部位名、下地、仕上げ、仕上がり高の順に記入する。名称の書き出し（頭揃え）や末尾などを揃え、図の邪魔にならない位置を考慮して記入すること。引出線の端末記号は黒丸印、引出し角度は 60° とする。

仕上表（施設リスト）

部位	施設	仕上げ・商品	仕上がり高	下地	品番・メーカー	備考
門廻り	袖壁	両面塗り壁仕上げ	設計GL+1100	空洞ブロック（120C）7段積み 布基礎RCL形	青山化成・HG/002	
		片面ボーダータイル貼り付け仕上げ・グレー		空洞ブロック（120C）7段積み 布基礎RCL形	青山タイル・AYボーダー	
	門扉	アルミ形材既製扉・07-12・両開き・ブラック		支柱独立基礎	青山軽金・太郎門扉2型	
	表札	アルミ鋳物・規格文字タイプ（475×160）・ブラック		壁付け・M6ボルト止め	外苑前サイン・ロートアイアン調サイン	
	郵便受け	口金式・アルミ鋳物口金・ステンレス内箱		壁埋込み・420×364×390	青山軽金・EXポスト・N-A型	
	インターホン	取付のみ		壁埋込み・配管埋設		建築支給
	門灯	ブラケット・門袖灯・蛍光灯		壁付け・（226×203×66）	外苑電気・オシャレ（PM-11型）	
塀廻り	東側境界塀	駐車空間範囲隣地境界側・化粧ブロック積み・ベージュ	設計GL+1100	布基礎・ブロック積み2～3段積み・GL+100	青一ブロック・リブライン	
	西側境界塀	ブロック積み上部アルミ形材フェンスH=0.8	設計GL+1100	型枠状ブロック（150）3段積み・ベタ基礎 W600 T150	青山軽金・ステキスフェンス2型	
	南側境界塀	ブロック積み上部アルミ形材フェンスH=1.0	設計GL+1300	型枠状ブロック（150）4～6段積み ベタ基礎 W800 T150	青山軽金・太郎フェンスRP4	
	北側境界塀	両面塗り壁仕上げ・笠木付		空洞ブロック（120C）・型枠状ブロック（150）		
	宅内仕切り	アルミ形材角柱（□70）立込み	設計GL+1100	布基礎RCL形 W=170/D=400	青山金物・汎用パーツ柱材	
アプローチ園路	メインアプローチ	300角タイル貼り	設計GL+50	コンクリート下地ァ85・溶接金網φ3.2・地業(クラッシャーランC40)ァ100	外苑タイル・ニューベネトレート	
	メインアプローチ階段	300角段鼻役物（垂れ付き段鼻）タイル		コンクリート下地ァ85・溶接金網φ3.2・地業(クラッシャーランC40)ァ100	外苑タイル・ニューベネトレート	
	サブアプローチ・1	砂利洗い出し仕上げ	設計GL+50	コンクリート下地ァ85・溶接金網φ3.2・地業(クラッシャーランC40)ァ100	赤坂商店・甲賀砂利2分	
	サブアプローチ階段・1	蹴上げ・段鼻モルタルコテ押さえ・踏面：砂利洗い出し		コンクリート下地ァ85・溶接金網φ3.2・地業(クラッシャーランC40)ァ100	赤坂商店・甲賀砂利2分	
	サブアプローチ・1	モルタル金コテ押さえ	設計GL+50	コンクリート下地ァ85・溶接金網φ3.2・地業(クラッシャーランC40)ァ100		枡廻り補強配筋
	サブアプローチ階段・1	モルタル金コテ押さえ		コンクリート下地ァ85・溶接金網φ3.2・地業(クラッシャーランC40)ァ100		
駐車場廻り	床舗装・1	小舗石貼り（御影石・□90×45）・半ピン		コンクリート下地ァ100・溶接金網φ5・地業(クラッシャーランC40)ァ100	青山興業・ピンコロ	
	床舗装・2	コンクリート直押さえ・目地切り		コンクリート下地ァ100・溶接金網φ5・地業(クラッシャーランC40)ァ100		
	屋根	アルミ形材既製屋根・片屋根式(30 - 50型)		独立基礎・屋根材ポリカーボネート（3,006×2,520）・標準柱H=2,209	青山金物・レギュラーポート	
	扉	アルミ形材既製扉・跳ね上げ式・W=3.0・電動式		支柱基礎（独立基礎）・30-12・ブラック・標準	青山金物・オーバードアAO型	
	設備	立水栓・コン柱のみ		レジコン製水栓柱・VB15・御影・DLS-10 □74×75×1,000	渋谷設備・SBR-DOS-10	
駐輪場廻り	床舗装	コンクリート直押さえ（駐車空間床と兼用）		コンクリート下地ァ100mm・地業(クラッシャーランC40)ァ100mm		
	屋根	なし（駐車空間屋根と兼用）				
	設備	サイクルスタンド・2台		自転車スタンド・51×43×22・スチール	参道エクステリア・B-1	
サービスヤード廻り	床舗装	ピリ砂利敷仕上げ		防草シート敷の上に砂利敷		
	物置	デッキ上置き木製既製物置・ブラウン		W1540×D1265×H1900	銀座物置・A-1型	
	洗い場	なし				
	屋根	なし				
土止め・仕切り	花壇縁取り	ボーダータイル貼り＋笠木自然石方形板石	設計GL-100	空洞ブロック（120C）2段積み	青山タイル・AYボーダー	
	宅地内植栽枡縁取り	化粧ブロック積み・ベージュ	設計GL+100・+50	布基礎・ブロック積み2～3段・GL+100	青一ブロック・リブライン	
	砂利止め	地先境界ブロック敷設（□100×600）	設計GL+50	クラッシャーランC40ァ50＋モルタル下地ァ50		
庭廻り	デッキ	国産杉材・AQC処理		基礎石・束柱（□90）・床板、根太（120×40）	表参道木材・AQC杉	
	テラス	なし				
	パーゴラ	国産杉材・AQC処理・金具止め		独立基礎・4箇所・H型アンカー使用・柱、梁、桁（□90）・垂木（120×40）	表参道木材・AQC杉	
	濡れ縁	木製濡れ縁・国内産杉		床板（120×90）・束柱、根太（□90） W=300×D450	表参道木材・AQC杉	
	サンルーム	なし				
	ベンチ	天然杉・オイルステイン塗装・収納付き3個		100×390×400・背もたれ、収納付き	表参道木材・AQC杉	
	立水栓	既製立水栓（フォーレット一口水栓柱）		丸型パンセット（600×555×626）	青山金物・立水栓ユニット	
	沓脱石	御影石・自然石加工2.5尺		サンドクッション50mm	赤坂商店・甲州	
	飛石	御影石・サビ石・自然石加工φ300～400内外		サンドクッション30mm	赤坂商店・甲州	
	延段	ジャワストーン乱形石乱貼り W=450		コンクリート下地ァ85・溶接金網φ3.2・地業(クラッシャーランC40)ァ100	赤坂商店・ジャワストーン	
	景石	なし				
	水鉢	御影石角柱□400H=750・自噴式		地業＋コンクリート基礎	赤坂商店・中国産御影角石	
	場内地被	サビ砂利敷・敷厚50mm		地ならしのみ	赤坂商店・北山あられ	
	海	伊勢ゴロタ敷 φ75～		コンクリート下地ァ85・溶接金網φ3.2・地業(クラッシャーランC40)ァ100	赤坂商店・伊勢ゴロタ	
設備	給水	水道水給水工事		水鉢と立水栓の給水工事		別途工事とします
	排水	排水UV75パイプ		水鉢と立水栓の給水工事		別途工事とします
	照明	庭園灯3箇所(LED)		キャブタイヤケーブル・地面に直差込	外苑電気・Gライト（L-3型）	
その他						

エクステリアグリーン企画	設計変更箇所及び変更内容	工事名称 山田 太郎様邸エクステリア工事	図面名称 仕上表	図面作成年月日 2016. 01.01
		設計者名 検印 検印	尺度	図面番号 2/13

図 4-3 仕上表の参考例（設計図書用）

4-4-5 仕様書

①プレゼン用：必要なし。

②設計図書用：指定用紙を用いて作成する。仕上表と合わせた形式を決め、一般仕様（別途作成）と図面上に特記仕様欄を設け、物件ごとに作成する。

③施工図　：共通仕様図書（別途作成）は図書として作成し、特記仕様書は一般図上に欄を設けて記入してもよい。物件の施工に必要な内容を考慮し、作成する。

1. 全般

ｉ）植栽の形状寸法、階段、土間、法面など現場の納まり、取り合わせの関係により、多少の相違が生じることは工事の性格上、やむを得ないものとする。

2. 施設工事

ｉ）一部盛土箇所があるので、舗装下地施工に当たり、指示箇所については十分注意をして施工すること。

ⅱ）施工場所が住宅街のため、騒音や決められた施工条件（時間、曜日、進入路、駐車場所）を厳守のこと。

3. 植栽工事

ｉ）高木の形状寸法は最低基準規格を示すもので、植栽に際しては現状を充分把握の上、樹木形状寸法を決定すること。
ⅱ）法面に設置する二脚鳥居支柱は杉丸太の寸法をL=2,100mmとし、根入れを1,000mm以上とする。
ⅲ）灌木の寄せ植え範囲の植え方については、設計指示とする。
ⅳ）シンボルツリーの植栽スペースは、最低1.0m × 1.0m以上確保すること。
ⅴ）高木及び灌木の植栽時には、客土及びバーク堆肥を用いるものとする。
ⅵ）灌木の寄植は10株／m^2とし、剪定、整枝仕上げとする。
ⅶ）下草の寄せ植えは40株／m^2とする。
ⅷ）生垣は3.5本／mの密度とし、1.8 mの樹木を剪定、整枝後1.4 mの仕上がり高とする。
ⅸ）芝生の目土は100m^2当たり、1.0m^3とする。

図 4-4 特記仕様欄の参考例

4-4-6 ゾーニング図

①プレゼン用：提案図の効果を上げるために利用できる図面なので、計画の意図を十分理解できるように分かりやすく工夫して作成する。

②設計図書用：設計図書として必要図面ではないが、必要に応じて作成してもよい。新たに作成しないでも提案図として作成した図面を利用することもできる。

【作図要領】

施主の要望と敷地条件に基づき、作成したコンセプトに沿った、各部位空間の範囲を図面上に示し、その部位空間にコンセプトを実現するための具体的計画を記述する。特に、人や車、自転車などの動線と居室からの視界の記入が重要である。

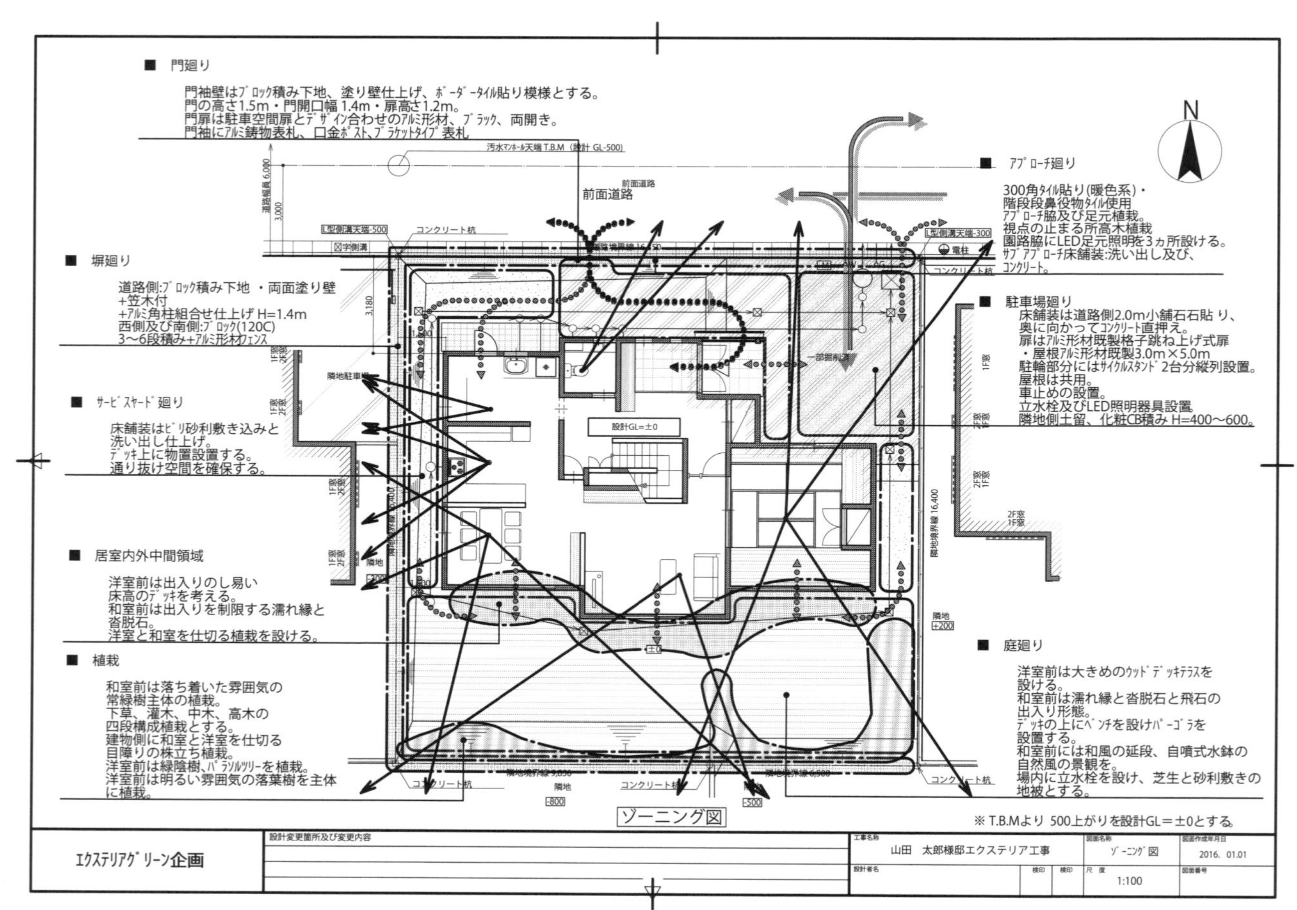

図 4-5 ゾーニング図の参考例（設計図書用）

4-4-7 一般平面図

①プレゼン用：台紙や尺度にとらわれないで自由に提案を伝える図面として作成。

②設計図書用：指定用紙を用いて、製図基準にもとづいて作成する。計画の全体の平面位置関係を表現した図とし、尺度は１：100での書込みを最小限にして、全体イメージを伝えることを主体とする。

【作図要領】

図の表現は平面記号を用いて、全体を分かりやすく伝えることを念頭に作成する。計画の密度が濃い場合は仕上表を用い、図には部位名称の記入程度にとどめる。計画の規模が小さく、あるいは簡単なものは図上に仕上名称を記入する。着彩などの図面効果は用いない。

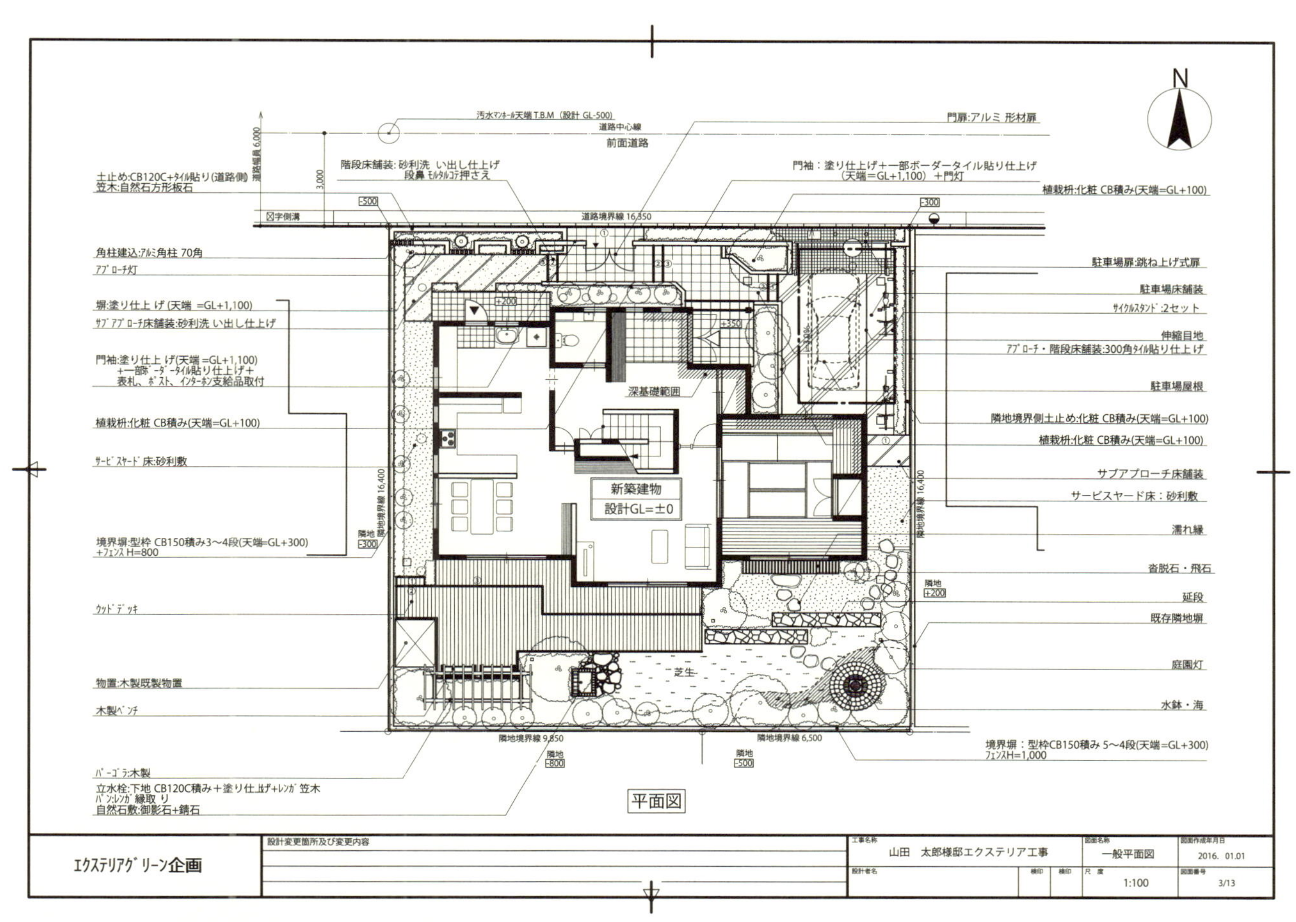

図 4-6 一般平面図の参考例（設計図書用）

4-4-8 立面図

①プレゼン用：台紙や尺度にとらわれないで自由に提案を伝える図面として作成。

②設計図書用：指定用紙を用いて、製図基準にもとづいて作成する。施設計画の高さ関係を表す図とし、尺度は１：100で書き込み、立上がりの幅と高さの寸法が分かる図とする。

【作図要領】

施工範囲の工作物のすべてを作図し、道路及び設計G.Lからの高さを明確にする。また境界線明示などを記入する。計画の内容が多く煩雑になる場合は、別紙で立面図の詳細図を作成する。着彩などの図面効果は用いない。

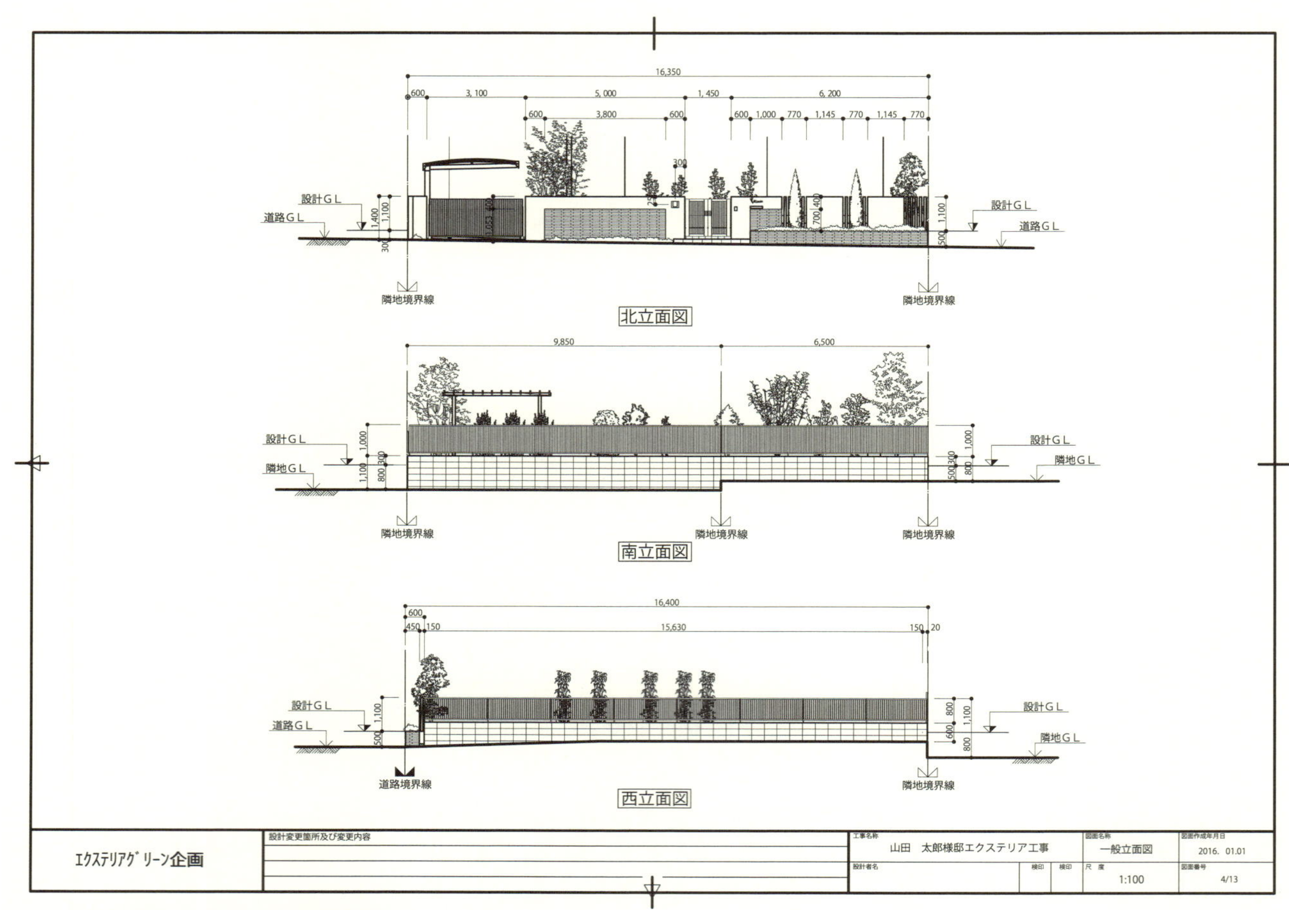

図 4-7 立面図の参考例（設計図書用）

4-4-9 詳細図

①プレゼン用：必要に応じて作成するが、台紙や尺度にこだわらないで、提案をより効果的に伝える図面として作成。

②設計図書用：指定用紙を用いて、製図基準にもとづいて作成する。一般平面図・立面図では表現しきれない部分や仕上がり高低差、位置寸法などを明確にすることを目的に作成する。

【作図要領】

施設の位置、仕上がり高、植栽位置などを分かりやすく明記するため、一般図よりも尺度を大きくして明確に表現する。

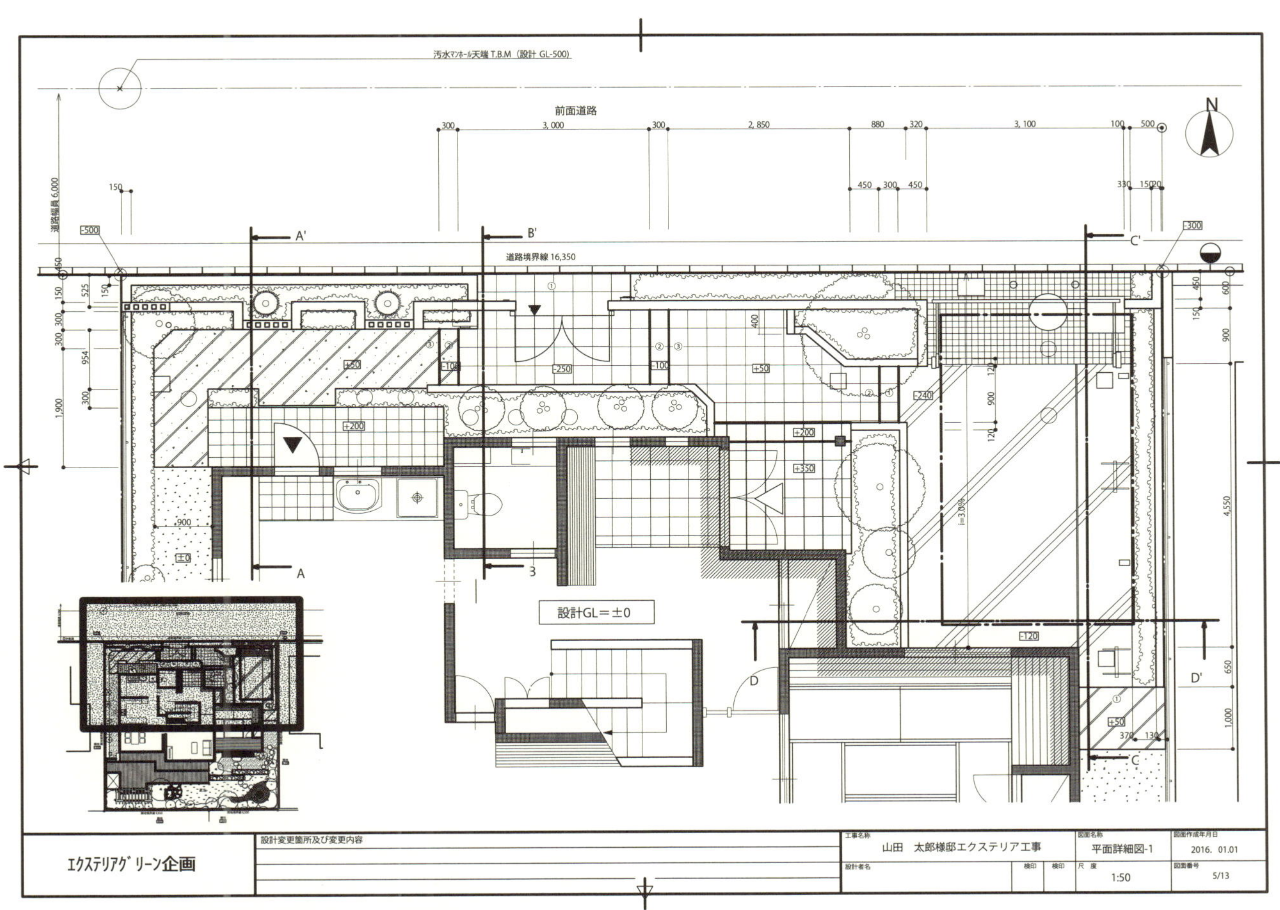

図 4-8 平面詳細図 -1 の参考例（設計図書用）

※平面詳細図 -2 参考例は省略。付録２見本図参照。

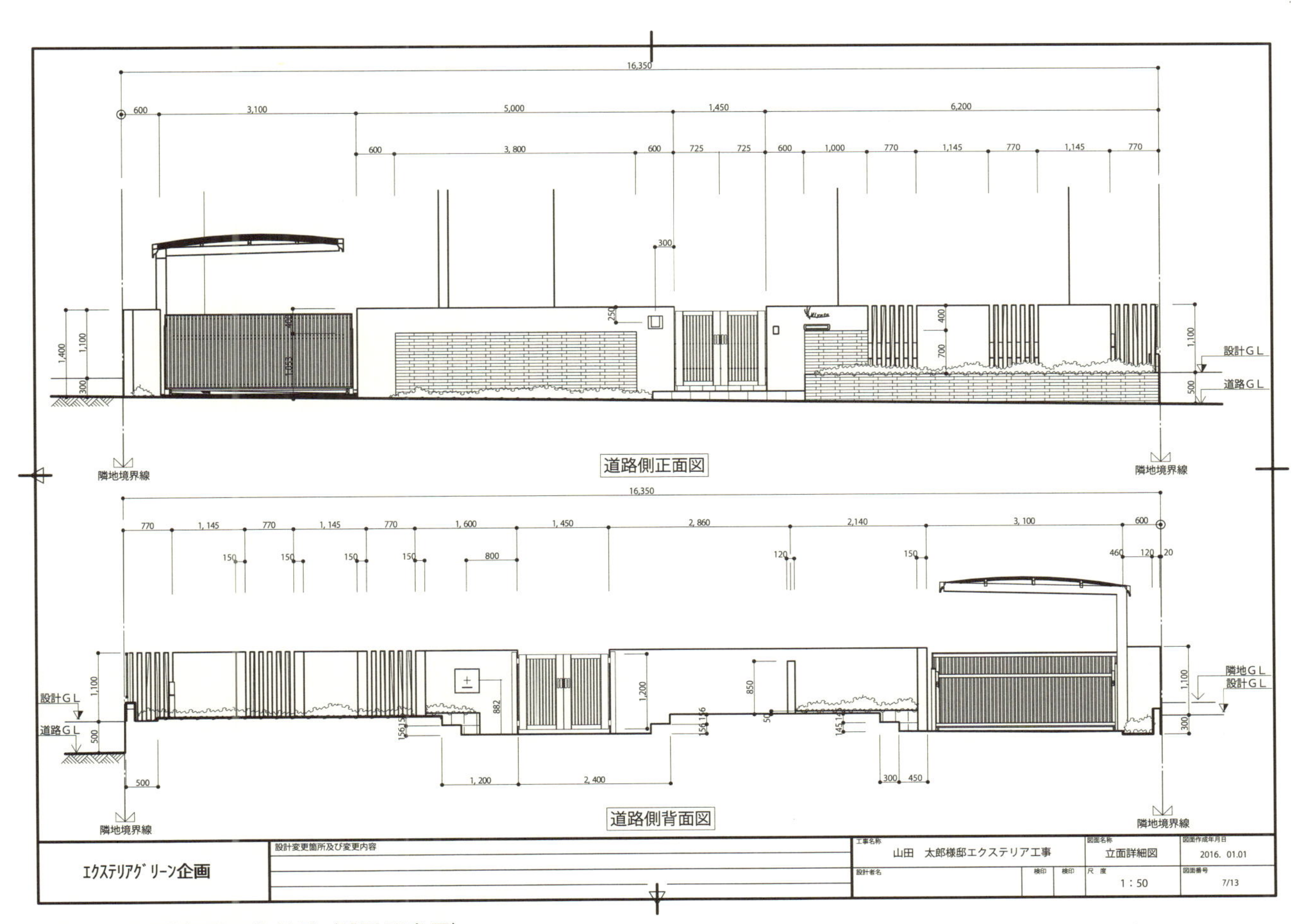

図 4-9 立面詳細図の参考例（設計図書用）

4-4-10 植栽計画図

①プレゼン用：必要に応じて作成するが、台紙や尺度にこだわらないで、提案をより効果的に伝える図面として作成。

②設計図書用：指定用紙を用いて、製図基準にもとづいて作成する。一般平面図・立面図では表現しきれない部分や仕上がり高低差、位置寸法などを明確にすることを目的に作成する。

【作図要領】

施設の位置、仕上がり高、植栽位置などを分かりやすく明記するため、一般図よりも尺度を大きくして明確に表現する。

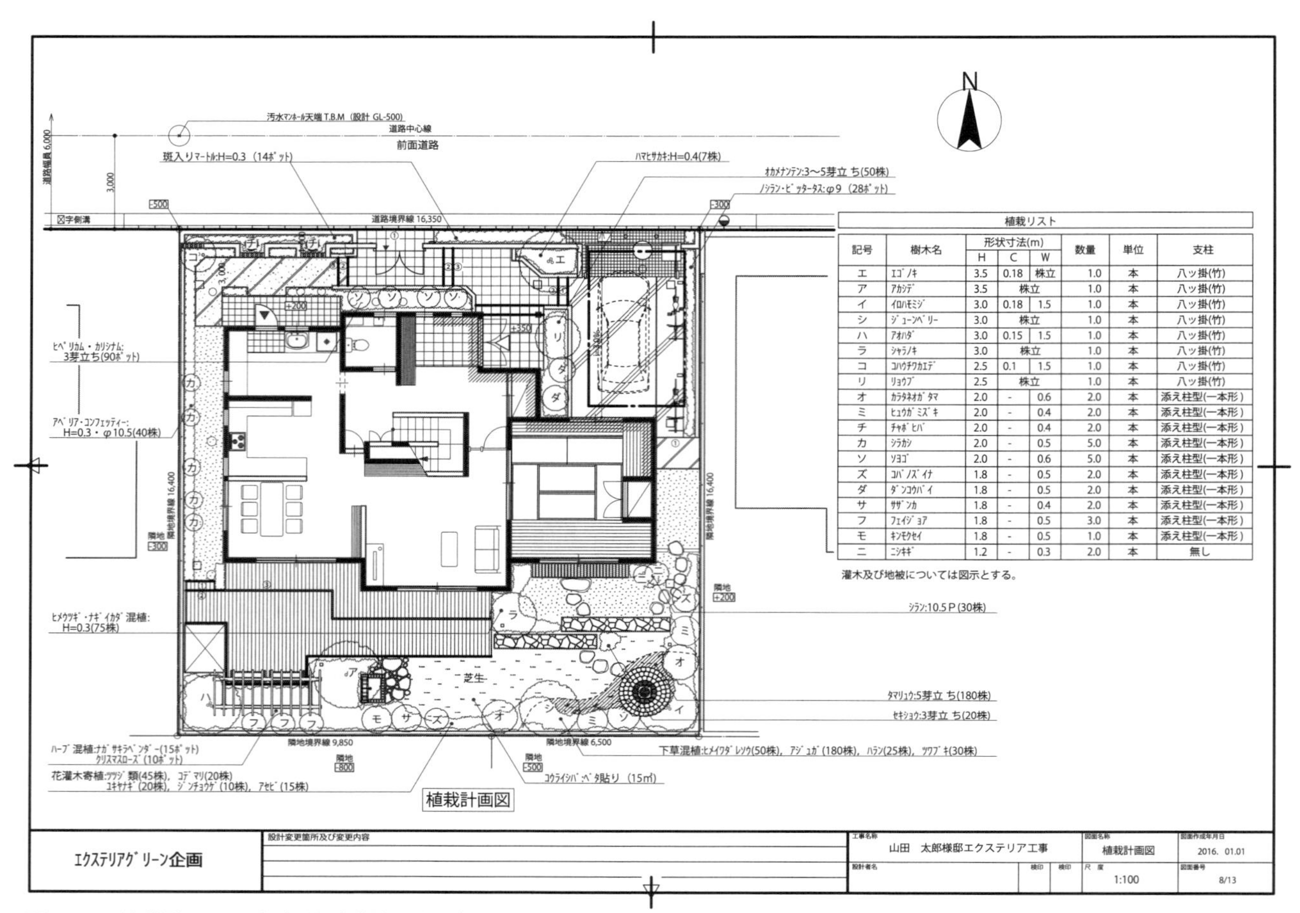

植栽リスト

記号	樹木名	形状寸法(m) H	C	W	数量	単位	支柱
エ	ｴｺﾞﾉｷ	3.5	0.18	株立	1.0	本	八ッ掛(竹)
ア	ｱｶｼﾃﾞ	3.5	株立		1.0	本	八ッ掛(竹)
イ	ｲﾛﾊﾓﾐｼﾞ	3.0	0.18	1.5	1.0	本	八ッ掛(竹)
シ	ｼﾞｭｰﾝﾍﾞﾘｰ	3.0	株立		1.0	本	八ッ掛(竹)
ハ	ｱｵﾊﾀﾞ	3.0	0.15	1.5	1.0	本	八ッ掛(竹)
ラ	ｼｬﾗﾉｷ	3.0	株立		1.0	本	八ッ掛(竹)
コ	ｺﾊｳﾁﾜｶｴﾃﾞ	2.5	0.1	1.5	1.0	本	八ッ掛(竹)
リ	ﾘｮｳﾌﾞ	2.5	株立		1.0	本	八ッ掛(竹)
オ	ｶﾗﾀﾈｵｶﾞﾀﾏ	2.0	-	0.6	2.0	本	添え柱型(一本形)
ミ	ﾋｭｳｶﾞﾐｽﾞｷ	2.0	-	0.4	2.0	本	添え柱型(一本形)
チ	ﾁｬﾎﾞﾋﾊﾞ	2.0	-	0.4	2.0	本	添え柱型(一本形)
カ	ｼﾗｶｼ	2.0	-	0.5	5.0	本	添え柱型(一本形)
ソ	ｿﾖｺﾞ	2.0	-	0.6	5.0	本	添え柱型(一本形)
ズ	ｺﾊﾞﾉｽﾞｲﾅ	1.8	-	0.5	2.0	本	添え柱型(一本形)
ダ	ﾀﾞﾝｺｳﾊﾞｲ	1.8	-	0.5	2.0	本	添え柱型(一本形)
サ	ｻｻﾞﾝｶ	1.8	-	0.4	2.0	本	添え柱型(一本形)
フ	ﾌｪｲｼﾞｮｱ	1.8	-	0.5	3.0	本	添え柱型(一本形)
モ	ｷﾝﾓｸｾｲ	1.8	-	0.5	1.0	本	添え柱型(一本形)
ニ	ﾆｼｷｷﾞ	1.2	-	0.3	2.0	本	無し

灌木及び地被については図示とする。

図 4-10 植栽計画図の参考例（設計図書用）

4-4-11 断面詳細図

必要部位、施設、庭園などを関連付けた切断面の断面を表現する。尺度を1：20 以上とし、高さ、材料、仕上部位の位置関係を基準高（設計 G.L、T.B.M など）や基準線（建物外壁、境界など）から詳細に明示する。着彩などの効果は用いない。

【作図要領】

施設の位置、各施設との位置、高さの関係とのつながり、仕上がり高、植栽位置などを分かりやすく明記するため、一般図よりも尺度を大きくして明確に表現する。

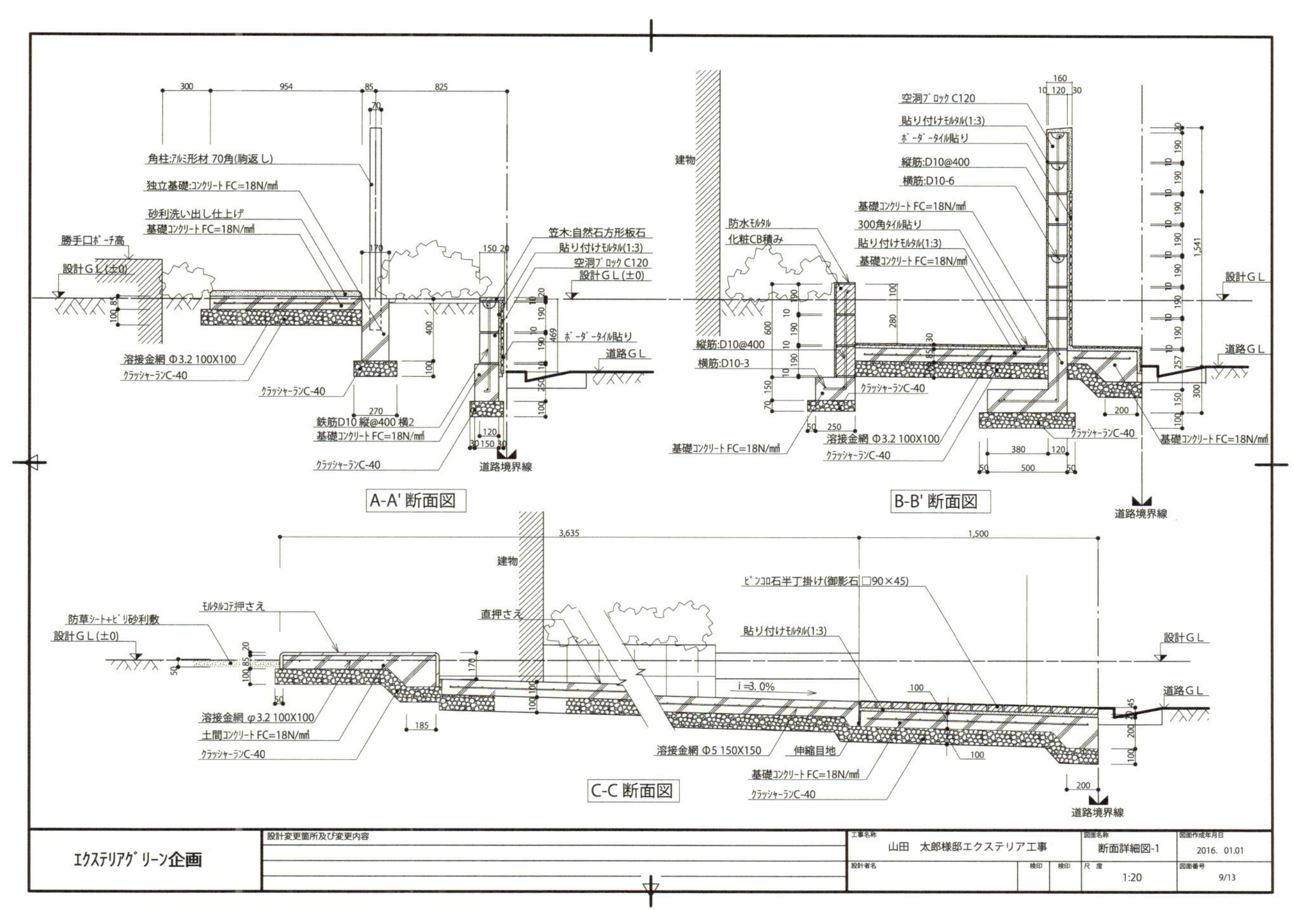

図 4–11 断面詳細図 -1 の参考例（設計図書用）

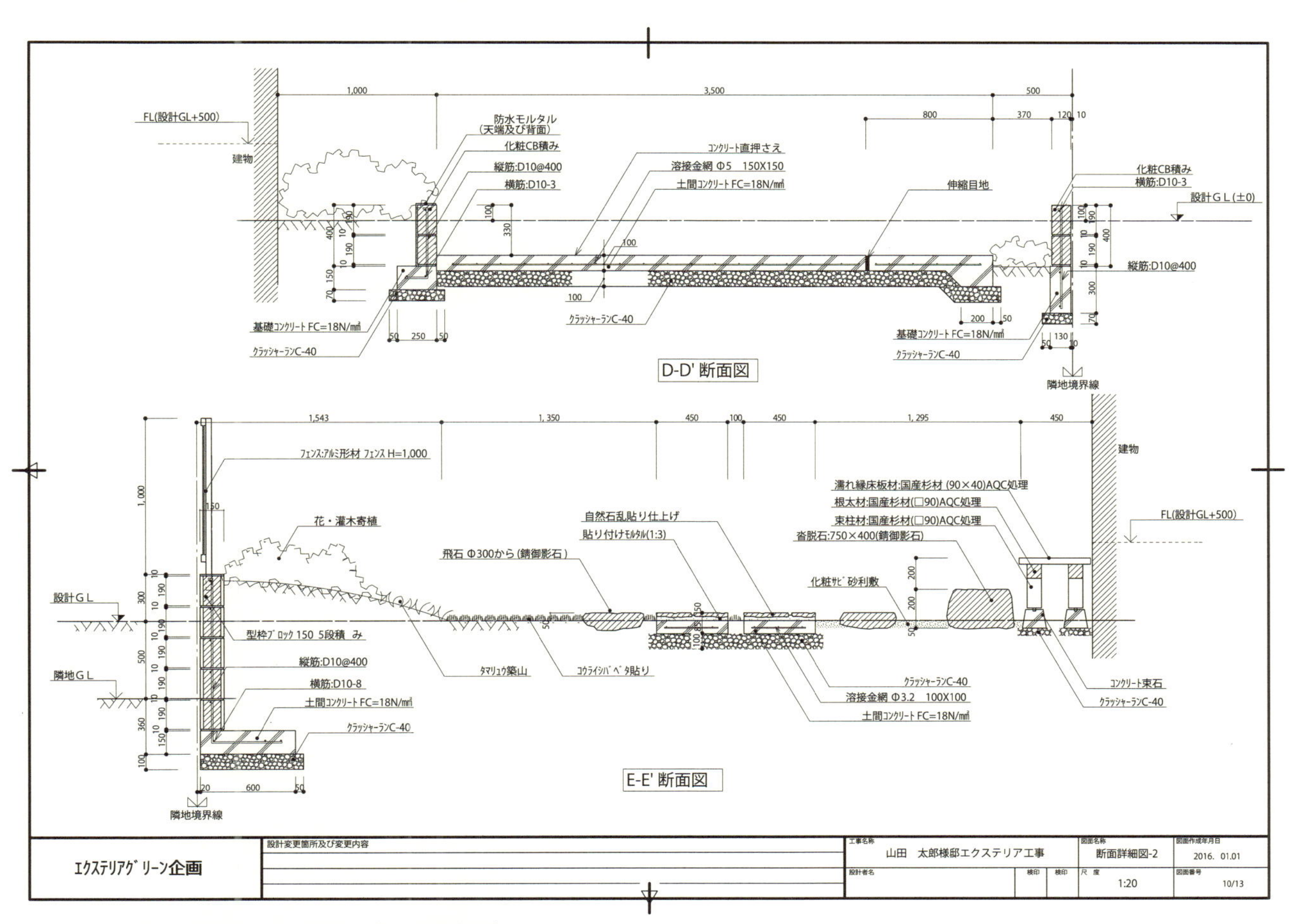

図 4–12 断面詳細図 -2 の参考例（設計図書用）

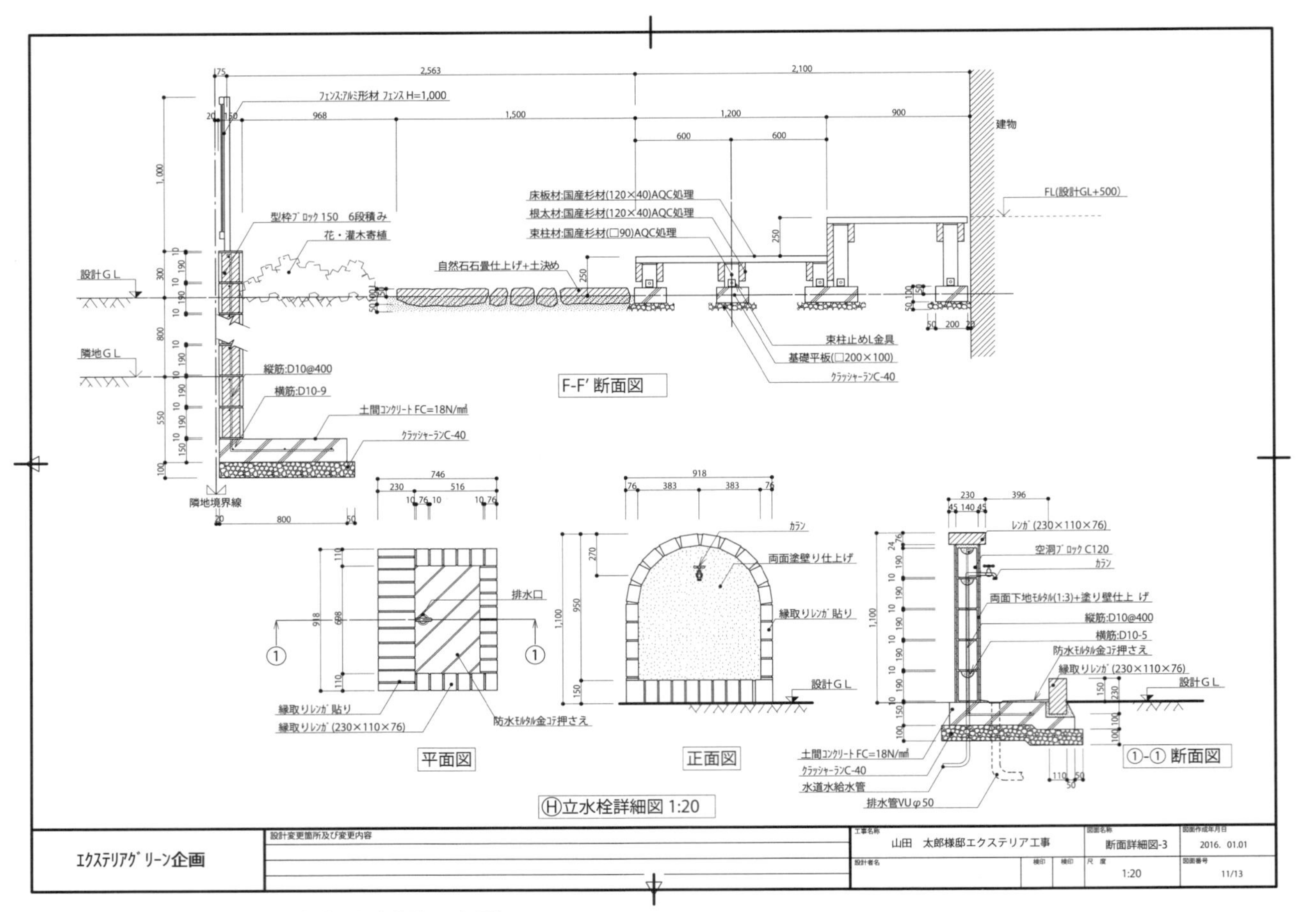

図 4-13 断面詳細図 -3 の参考例（設計図書用）

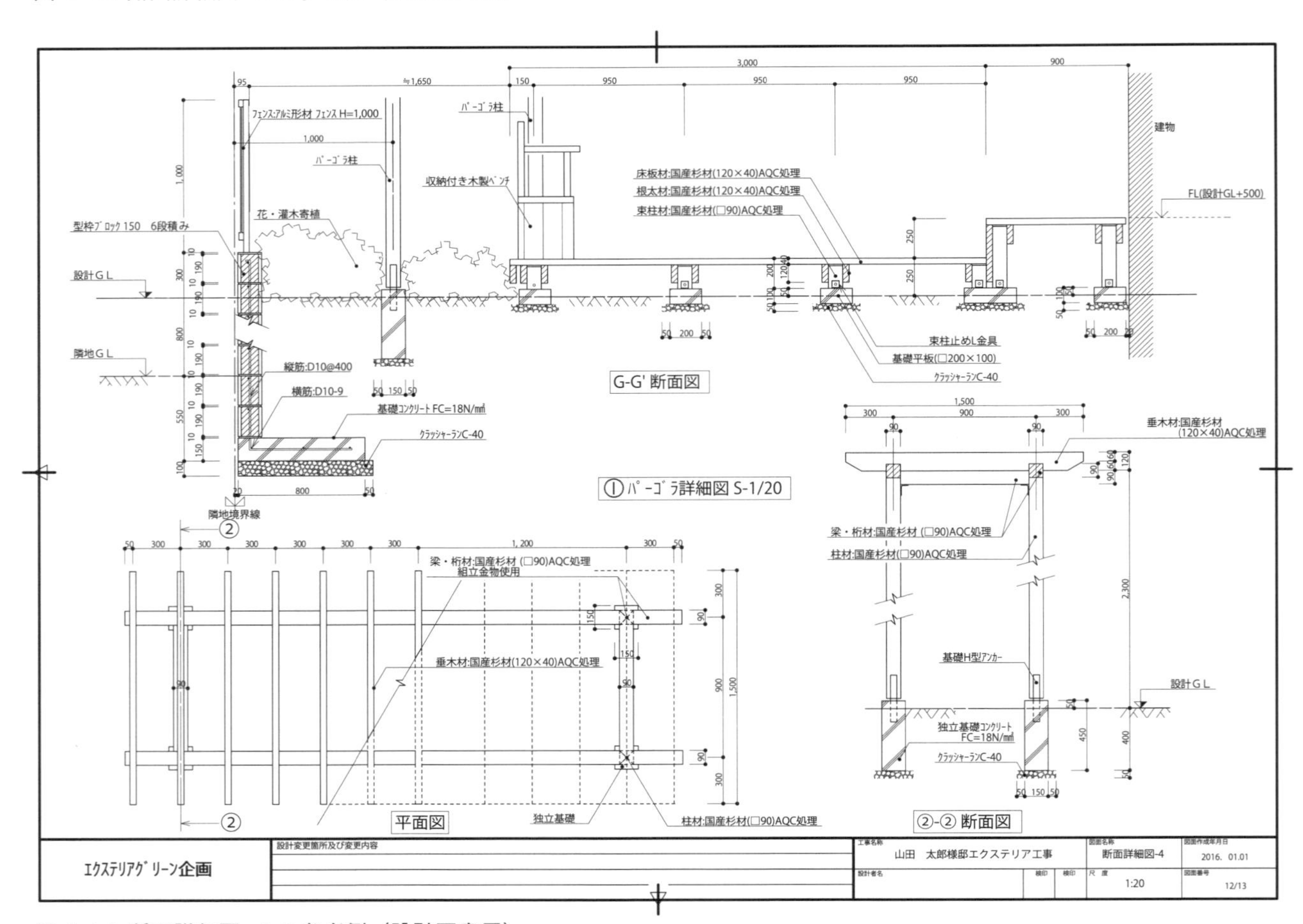

図 4-14 断面詳細図 -4 の参考例（設計図書用）

4-4-12 完成予想図

①プレゼン用：台紙や図法にとらわれないで、提案をより効果的に伝える図面として作成。着彩を施すとより効果的である。計画の竣工の姿を示す。

②設計図書用：必要に応じて作成するが、指定図面枠用紙を用い、新たに作成しなくても、プレゼン用に作成した完成予想図を添付してもよい。施工者が完成予想を念頭に工事に当たることを考慮し、完成予想図は施工用としても効果的である。

【作図要領】

①完成予想図は、透視図法を用いて作図する。計画の全体像をつくり、その後、各部位の強調したい部分を作図する。

②透視図法の一点透視、二点透視など、計画の景観に応じて効果的な図法を採用するようにする。また、着彩についても色鉛筆やマーカー、水彩など特に定めはない。効果的な着彩用具を選択する。

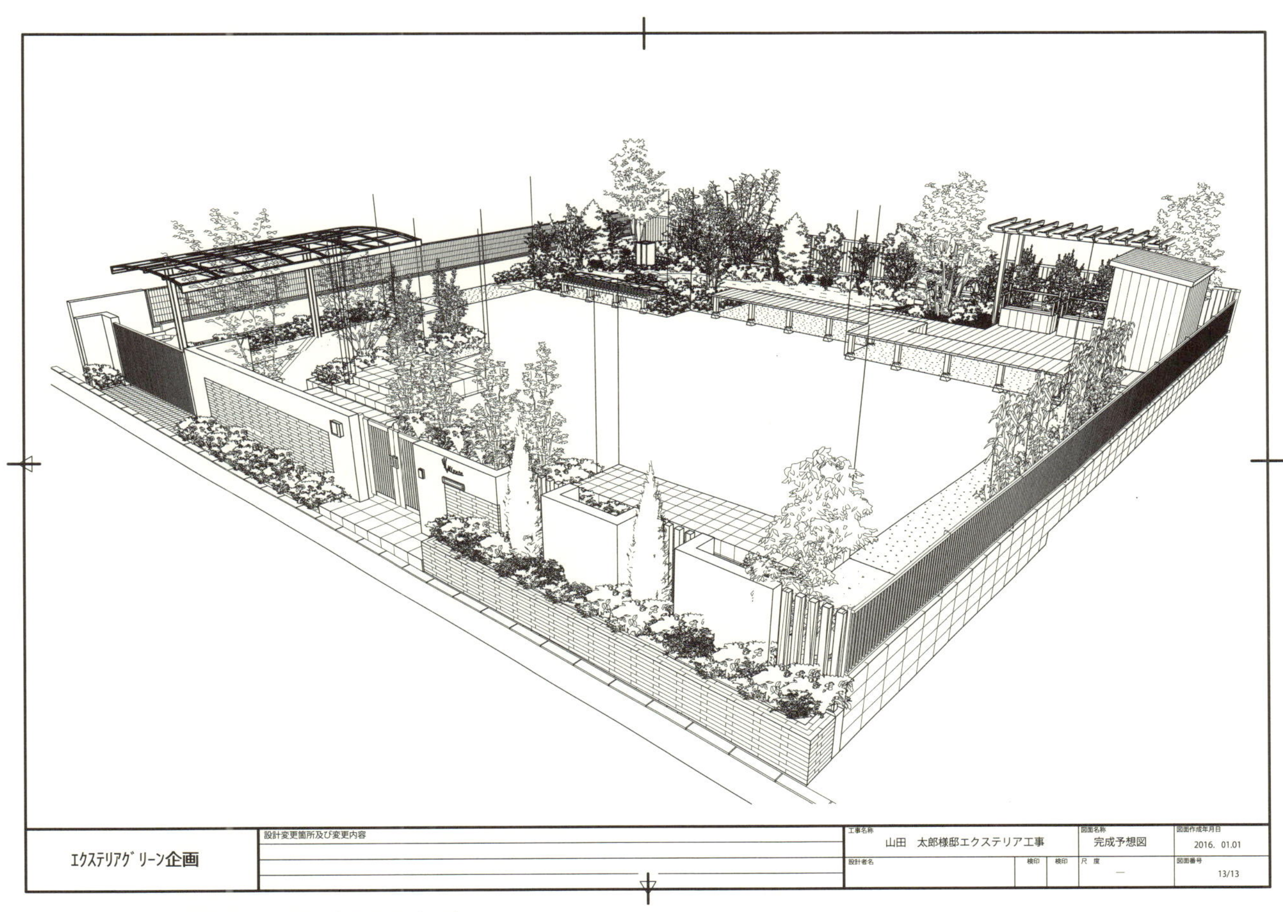

図 4-15 完成予想図の参考例（設計図書用）

4-4-13 製品図（使用資材）

①プレゼン用：計画に用いる使用資材（既製品やタイル、煉瓦など）を写真や姿図、承認図で伝えることも重要である。レイアウトに注意しながら、台紙にとらわれないで、使用資材を分かりやすく伝える図として作成。

②設計図書用：必要に応じて作成するが、指定図面枠用紙を用い、使用資材のカタログや姿図などを転用し、レイアウトする。施工者が工事に当たり、あらかじめ使用資材や既製品を理解しておくことは施工者としても分かりやすく、間違いが少なくなる。

【作図要領】

作図というよりはカタログのトレースあるいは資材の姿図のコピーを用いて、指定図面枠用紙にレイアウトすることになる。使用資材の品番、メーカー、色、形など工事に使用するものを添付するようにする。

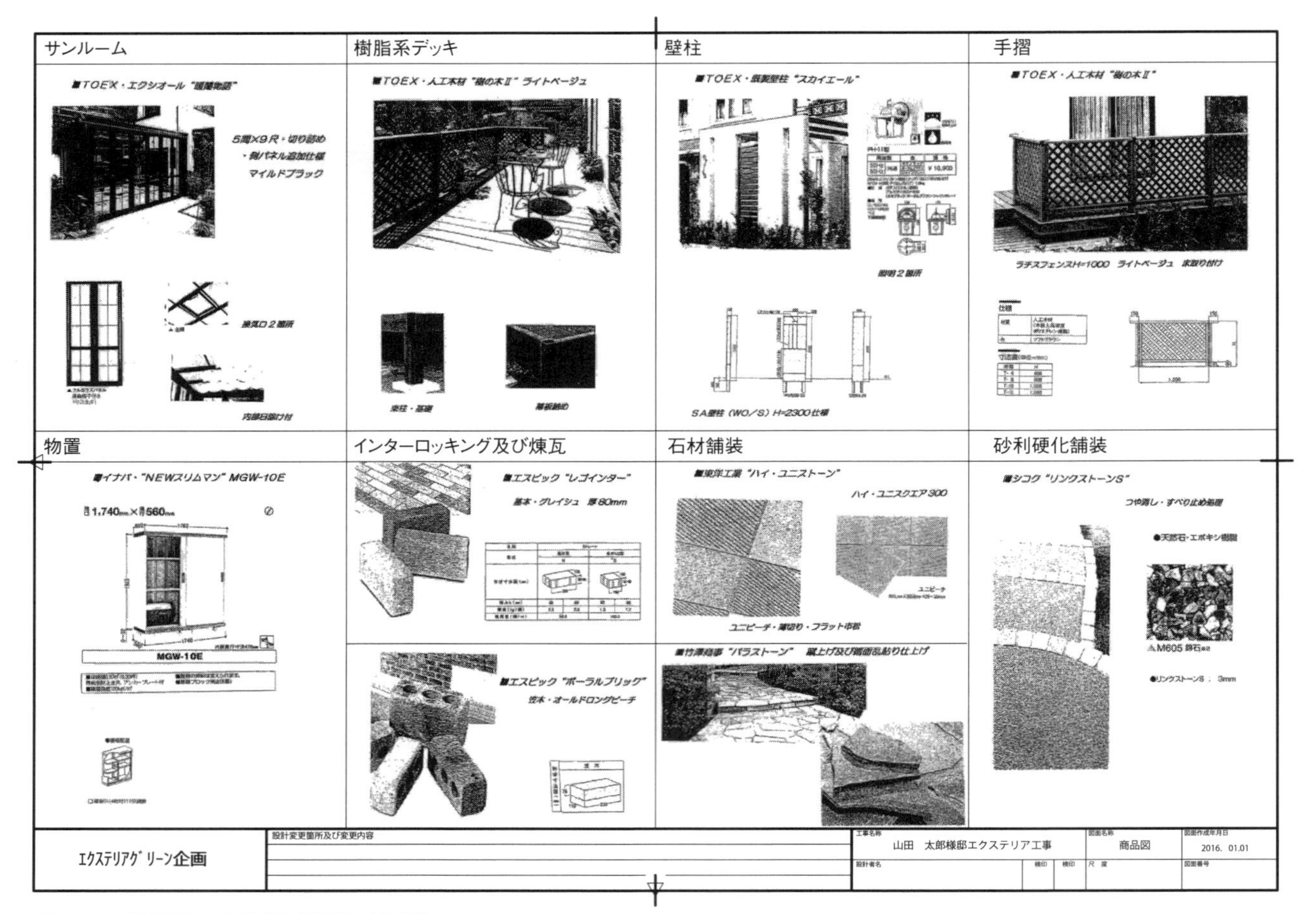

図 4-16 製品図の参考例（設計図書用）

付録 1
設備関係記号

付 -1 給排水設備配管図示記号（SHASE-S 001）

付 -1-1 一般事項

この規格は、空気調和、給排水・衛生などの工事における計画図・設計図などの図面に、機器、配管などを図示する場合の共通、かつ、基本的な図示記号について、「空気調和・衛生工学会規格（SHASE-S)」にもとづいて規定する。　※図示記号は、図面の尺度 1：100 を原則とした。

付 -1-2 配管図示記号

付 -1-2-1 配管（衛生・ガス）

名称	図 示 記 号	名称	図示記号	名称	図示記号
上水給水管	文字高さ 2.0 文字縦横比 0.8 1.3 3	雑用水給水管	3.4 5	排水管	
通気管	(1.8)　(0.8) （ ）内は参考値	低圧ガス管	G 3	プロパンガス管	PG 5

付 -1-2-2 配管（配管符号）

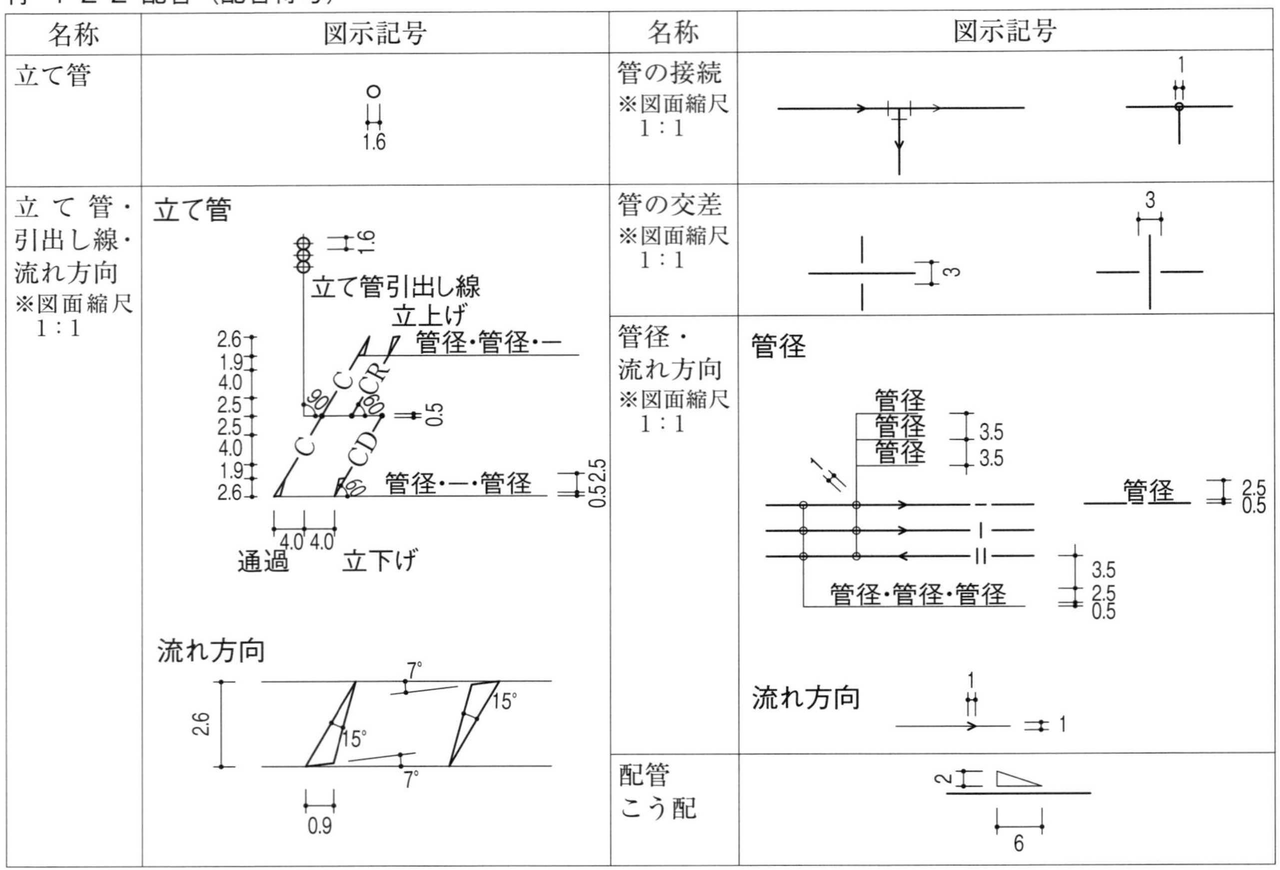

付 -1-2-3 配管材料記号

代表的な配管材料名称	配管記号	代表的な配管材料名称	配管記号
配管用炭素鋼管、水配管用亜鉛めっき鋼管	SGP	水道用硬質塩化ビニルライニング鋼管（外面一次防せい）	VA
水道用硬質塩化ビニルライニング鋼管（外面亜鉛めっき）	VB	水道用硬質塩化ビニルライニング鋼管（内外面ライニング）	VD
水道用耐熱性硬質塩化ビニルライニング鋼管	HVA	排水用硬質塩化ビニルライニング鋼管	DVA
水道用ポリエチレン粉体ライニング鋼管（外面一次防せい）	PA	水道用ポリエチレン粉体ライニング鋼管（外面亜鉛めっき）	PB

水道用ポリエチレン粉体ライニング鋼管(内外面ライニング)	PD	ステンレス鋼管(一般配管用、配管用、水道用)	SUP
鋳鉄管（ダクタイル、水道用ダクタイル、排水用）	CIP	銅管（銅及び銅合金継目無管、水道用、水道用被覆、外面被覆、断熱材被覆、保温付き被覆）	CUP
硬質塩化ビニル管（一般、水道用硬質塩化ビニル管）	VP	硬質塩化ビニル管（薄肉）、下水道用硬質塩化ビニル卵形管	VU
水道用ポリエチレン二層管	PP	架橋ポリエチレン管、水道用架橋ポリエチレン管	PEP
ポリブデン管、水道用ポリブデン管	PBP	遠心力鉄筋コンクリート管	CP
備考）配管材料を示す場合に用いる配管口径の後ろに添え書きする 100 φ鋳鉄管の例　100CIP			

付 -1-2-4 配管（管継手）

名称	図示記号	名称	図示記号	名称	図示記号
フランジ	2, 0.7	ユニオン	1.2, 2, 0.7 0.7	ベント	1.2, 1.4
90°エルボ	1.2, 1.4	45°エルボ	1.2, 1 1.4	チーズ	1.2, 1.4, 2.8

付 -1-2-5 配管（管継手）（汚水排水用・排水用）

	名称	図示記号
汚水排水用	90°エルボ	1.3, 2.5
	45°エルボ	1.3
	45° Y	1.3, 1.3, 1.3, 3.2
	90°大曲り Y	1.3, 1.3, 0.7 1.3, 2.5
	90° Y	0.7 0.7, 1.3, 1.6
排水用	90°エルボ	1.4, 1.2, 1.4
	45°エルボ	1.2, 1 1.4
	45° Y	2.1 0.7, 1.5, 1.2, 2.8
	90°大曲り Y	2.1 0.7, 2.1, 1.2, 2.8
	90° Y	1.6, 1.2, 1 1

付 -1-2-6 配管付属品

名称	図示記号	名称	図示記号
弁・コック	1.8, 2.6 / 1, 2, 1.6 2.6	逆止め弁	0.6, 1.8, 2.6 / 1.8, 2.6
アングル弁	1.3, 1.8, 1.3, 1.8	三方弁	2.6, 1.8, 1.3, 1.8
安全弁・逃し弁	2.2, 1.8, 2.6	減圧弁	文字高さ 1.3 2.4, 2.4, 1.8, 1.3, 2.2, 2.6, 1 1.6

温度調節弁（自力式）	文字高さ 1.3 2.4 T 2.4 1.8 2.6	圧力調節弁（自力式）	文字高さ 1.3 2.4 P 2.4 1.8 2.6
電磁弁	文字高さ 1.3 2.6 1.8 2.6	電動二方弁	文字高さ 1.3 2.4 2.4 1.8 2.6
電動三方弁	文字高さ 1.3 2.4 1.2 2.4 1.8 2.6	自動空気抜き弁	文字高さ 1.3 A 1 2.6
埋設弁	2.6 1.8 3.6	水抜き栓	2.6 1.8 3.6
温度計	文字高さ 1.3 T 1 2.6	瞬間流量計	文字高さ 1.3 F 1 2.6
流量計	文字高さ 1.6 M 3	油量計	文字高さ 1.6 OM 3 5

付 -1-2-7 給水・給湯器具

名称	図示記号	名称	図示記号	名称	図示記号	名称	図示記号
量水器	文字高さ 1.6 M 3 5	定水位弁	1 3	ボールタップ	1.2 1.6 3 6.4	水栓	2.6 1.6
混合栓	2.6 1.6	湯栓	2.6 1.6	水栓柱	1.6 1.6 2.6 3.8	散水栓	1.2 1.6 2.6 2.8 4

付 -1-2-8 排水器具・排水金具

名称	図示記号	名称	図示記号	名称	図示記号
床上掃除口	2.4 0.6	床下掃除口	2 0.8	排水金物	1.2 2.4
排水目皿	0.6 2.4	ルーフドレン	文字高さ 1.6 RD 2.4	U トラップ	1.2 1.2 1.1 0.8 3 4.4

付 -1-2-9 排水ます

名称	図示記号	名称	図示記号	名称	図示記号
雨水ます	5 5	ためます	5 5	インバートます	3.6 5 5
格子ます	5 5	トラップます	文字高さ 2.4 T T 5 5	浸透ます	2 2 6 6

公共ます	文字高さ 3.2 公 ㊣

付 -2 換気系及び排水系の末端装置（JIS B 0011-3）

付 -2-1 一般事項

JIS B 0011-3 のこの部は、配管系の換気及び排水の末端装置の製図に用いる簡略図示方法について規定する。

付 -2-2 設計及び図示

一般原則及び追加図示記号は、JIS B 0011-1 に示す。

付 -2-3 排水末端装置簡略図示方法

排水末端装置の簡略図示記号は、次の表のようになる。末端装置は、それぞれ二つの正投影図で示してある。

付 -2-3-1 排水末端装置簡略図示方法

No.	名称	簡略図示	
		正面図	平面図
1	排水口	1.1	1.2
2	栓付き排水口	2.1	2.2
3	防臭装置及び栓付き排水口	3.1	3.2
5	壁付き換気笠	5.1	5.2
8	固定式換気笠	8.1	8.2

付 -3 構内電気設備の配線用図記号（JIS C 0303）

付 -3-1 一般事項

この規格は、構内電気設備の電灯、動力、通信・情報、防災・防犯、避雷設備、屋外設備などの配線、機器及びそれらの取付位置、取付方法を示す図面に使用する図記号について規定する。

付 -3-2 配線

付 -3-2-1 一般配線

名称	図記号	摘要
天井隠ぺい配線	―――――	a）天井隠ぺい配線のうち天井ふところ内配線を区別する場合は、天井ふところ内配線に―・―・―を用いてもよい。
床隠ぺい配線	― ― ―	b）床面露出配線及び二重床内配線の図記号は、－－－－を用いてもよい。
露出配線	－－－－－－－－－	c）電線の種類を示す必要のある場合は、次表の記号を記入する。

記号	電線の種類
IV	600V ビニル絶縁電線
HIV	600V 二種ビニル絶縁電線
IC	600V 架橋ポリエチレン絶縁電線
OW	屋外用ビニル絶縁電線
OC	屋外用架橋ポリエチレン絶縁電線
OE	屋外用ポリエチレン絶縁電線
DV	引込用ビニル絶縁電線
VVF	600V ビニル絶縁ビニルシースケーブル（平形）
VVR	600V ビニル絶縁ビニルシースケーブル（丸形）
FP-C	耐火ケーブル（電線管用）
HP	耐熱ケーブル
TOEV-SS	屋外用通信電線（自己支持形）

d）絶縁電線の太さ及び電線数は、次のように記入する。

単位の明らかな場合は、単位を省略してもよい。ただし、2.0は直径、2は断面積を示す。

例　1.6　2.0　2　8

数字の傍記の例　1.6×5　5.5×1

ただし、仕様書などで電線の太さ及び電線数が明らかな場合は、記入しなくてもよい。

e）ケーブルの太さ及び線心数（又は対数）は、次のように記入し、必要に応じ電圧を記入する。

例　1.6 mm　3心の場合　1.6-3C

0.5 mm　100対の場合　0.5-100P

ただし、仕様書などでケーブルの太さ及び線心数が明らかな場合は、記入しなくてもよい。

f）電線の接続点は、次による。

g）管類の種類を示す必要のある場合は、次表の記号を記入する。

記号	配管の種類
E	鋼製電線管（ねじなし電線管）
PF	合成樹脂製可とう電線管（PF 管）
CD	合成樹脂製可とう電線管（CD 管）
F2	2種金属製可とう電線管
SGP	配管用炭素鋼鋼管
STK	一般構造用炭素鋼鋼管
VE	硬質塩化ビニル電線管
VP	硬質塩化ビニル管
HIVE	耐衝撃性硬質塩化ビニル電線管
HIVP	耐衝撃性硬質塩化ビニル管

		h）配管は、次のように表す。 鋼製電線管（ねじなし電線管）の場合　1.6（E19） 合成樹脂製可とう電線管（PF管）の場合　1.6（PF16） ２種金属製可とう電線管の場合　1.6（F217） 硬質塩化ビニル電線管の場合　1.6（VE16） 電線の入っていない（PF管）の場合　（PF16） ただし、仕様書などで明らかな場合は、記入しなくてもよい。 i）ジャンクションボックスを示す場合は、次による。 例 j）接地線の表示は、次による。 例　E2.0 k）接地線と配線を同一管内に入れる場合は、次による。 例　2.0 E2.0(PF22)
立上り 引下げ 素通し		防火区画貫通部は、次による。 立上り 引下げ 素通し
プルボックス		a）材料の種類、寸法を傍記する。 b）ボックスの大小及び形状に応じた表示としてもよい。
VVF用ジョイントボックス		
接地端子		医用のものは、Hを傍記する。
接地センタ	EC	医用のものは、Hを傍記する。
接地極		a）接地種別は、次によって傍記する。 A種　E_A　B種　E_B　C種　E_C　D種　E_D 例　E_A b）必要に応じ、接地極の目的、材料の種類、大きさ、接地抵抗値などを傍記する。
受電点		引込口にこれを適用してもよい。

付 -3-2-2 合成樹脂線ぴ

名称	図記号	摘要
合成樹脂線ぴ	═══	a）電線の種類、太さ、条数、線ぴの大きさなどを示す場合は、次による。 例 IV 1.6×4（PR35×18） 電線の入っていない場合 （PR35×18） b）図記号 ═══ は、 ------PR------ で表示してもよい。 c）ジョイントボックスを示す場合は、次による。 J d）コンセントを示す場合は、次による。

付 -3-2-3 増設

同一図面で、増設・既設を表す場合には、増設は太線、既設は細線又は点線とする。なお、増設、既設は色別してもよい。

付 -3-2-4 撤去

撤去の場合は、×を付ける。

例 ×××⊗×××

付 -3-3 機器

名称	図記号	摘要
電動機	Ⓜ	必要に応じ、電気方式、電圧、容量などを示す場合は、次による。 例 Ⓜ 3φ200V 3.7kW
コンデンサ	⊣⊢	電動機の摘要を準用する。
電熱器	Ⓗ	電動機の摘要を準用する。
換気扇	∞	a）必要に応じ、種類（扇風機を含む）及び大きさを傍記する。 b）天井付きは、次による。
ルームエアコン	RC	a）屋外ユニットはO、屋内ユニットはIを記入する。 RC O RC I b）必要に応じ、電気方式、電圧、容量などを傍記する。
電磁弁	SV	必要に応じ、電気方式、電圧などを傍記する。

整流装置		必要に応じ、種類、電圧、容量などを傍記する。
蓄電池		必要に応じ、種類、電圧、容量などを傍記する。
発電機	G	必要に応じ、発電機は、電気方式、電圧、容量及び原動機は、種類、出力などを傍記する。

付 -3-4 電灯・動力

付 -3-4-1 照明器具

名称	図記号	摘要
一般照明 白熱灯 HID灯	○	a）器具の種類を示す場合は、文字記号などを記入する。 b）a）によりにくい場合は、次の例による。 ペンダント シーリング（天井直付） CL 埋込器具 DL c）器具の壁付及び床付の表示 1）壁付は、壁側を塗るか、又は、W を傍記してもよい。 ○W 2）床付は、F を傍記してもよい。 ○F d）容量を示す場合は、ワット(W)×ランプ数で傍記する。 例 ○100 ○200×3 e）屋外灯は としてもよい。 f）HID 灯の種類を示す場合において、a）によりにくい場合は、容量の前に次の記号を傍記してもよい。 水銀灯 H メタルハライド灯 M ナトリウム灯 N 例 ○H100
蛍光灯		a）図記号 は、 としてもよい。 ただし、図記号 は、ボックス付を示す。 は、ボックスなしを示す。

		b）器具の種類を示す場合は、文字記号などを記入する。 c）器具の壁付及び床付の表示。 1）壁付は、壁側を塗るか、又は、W を傍記してもよい。  W 2）床付は、F を傍記してもよい。 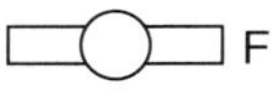 F d）容量を示す場合は、ワット（W）×ランプ数で傍記する。 例 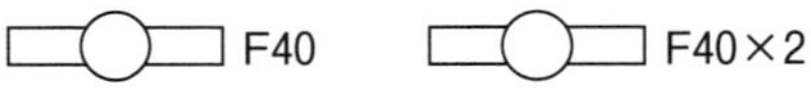 F40 F40×2
誘導灯 （消防法によるもの） 白熱灯		a）器具の種類を示す場合は、文字記号などを記入する。 b）客席誘導灯（白熱灯形）を示す場合は、S を傍記してもよい。  S
蛍光灯	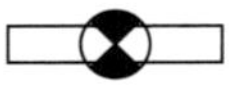	c）階段に設ける非常用照明（蛍光灯形）と兼用のものは、次の図記号でもよい。  d）通路誘導灯の避難方向表示は、必要に応じ、矢印を記入する。 例 e）壁付は、W を傍記してもよい。  W W f）床付は、F を傍記してもよい。 F F

付 -3-4-2 コンセント

名称	図記号	摘要
コンセント 一般形		a）図記号は、壁付を示し、壁側を塗る。 b）図記号 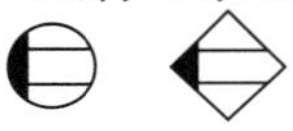 は、 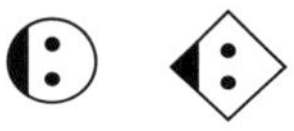 で示してもよい。
ワイド形		c）天井に取り付ける場合は、次による。  d）床面に取り付ける場合は、次による。  e）種類を示す場合は、次による。 抜け止め形 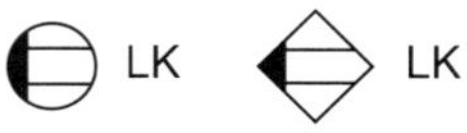 LK LK 引掛形  T T 接地極付  E E 接地端子付  ET ET f）防雨形は、WP を傍記する。  WP

非常用コンセント (消防法によるもの)	⦶	図記号 ⦶ は、 ⊙ としてもよい。

付 -3-4-3 開閉器・計器

名称	図記号	摘要
開閉器	S	a) 箱入りの場合は、箱の材質などを傍記する。 b) 極数、定格電流、ヒューズ定格電流などを傍記する。 例 S 2P30A f 30A c) 電流計付は、 Ⓢ を用い、電流計の定格電流を傍記する。 例 Ⓢ 2P30A f 30A A5
配線用遮断器	B	a) 箱入りの場合は、箱の材質などを傍記する。 b) 極数、フレームの大きさ、定格電流などを傍記する。 例 B 3P 225AF 150A c) モータブレーカを示す場合は、次による。 B M 又は B d) 図記号 B は S MCCB としてもよい。
漏電遮断器	E	a) 箱入りの場合は、箱の材質などを傍記する。 b) 過負荷保護付は、極数、フレームの大きさ、定格電流、定格感度電流など、過負荷保護なしは、極数、定格電流、定格感度電流などを傍記する。 過負荷保護付の例 E 2P 30AF 15A 30mA 過負荷保護なしの例 E 2P 15A 30mA c) 過負荷保護付は、 BE を用いてもよい。 d) 図記号 E は、 S ELCB としてもよい。
電力量計	Wh	a) 必要に応じ、電気方式、電圧、電流などを傍記する。 b) 図記号 Wh は、 WH としてもよい。
電力量計 (箱入り又はフード付)	WH	a) 電力量計の摘要を準用する。 b) 集合計器箱に収納する場合は、電力量計の数を傍記する。 例 WH 12
漏電警報	G	必要に応じ、種類を傍記する。
漏電火災警報 (消防法によるもの)	F	必要に応じ、級別を傍記する。

付 -3-4-4 配電盤・分電盤等

名称	図記号	摘要
配電盤、分電盤及び制御盤		a）種類を示す場合は、次による。 配電盤 分電盤 制御盤 b）直流用は、その旨を傍記する。 c）防災電源回路用配電盤等の場合は、二重枠とし、必要に応じ、種別を傍記する。 例　1種　2種

付 -3-5 通信・情報

付 -3-5-1 電話・情報設備

名称	図記号	摘要
保安器		集合保安器を示す場合は、個数（実装／容量）を傍記する。 例　3/5
デジタル回線終端装置	DSU	
ターミナルアダプタ	TA	
端子盤		a）対数（実装／容量）を傍記する。 例　30P/40P b）電話・情報以外の端子盤にもこれを適用する。
通信用アウトレット（電話用アウトレット）		a）壁付は、壁側を塗る。 b）床側に取り付ける場合は、次による。
ルータ	RT	図記号 RT は、ルータ としてもよい。
集線装置（ハブ）	HUB	必要に応じ、ポート数を傍記する。 例　HUB 12

付 -3-5-2 警報・呼出・表示設備

名称	図記号	摘要
押しボタン		a）壁付は、壁側を塗る。 b）2個以上の場合は、ボタン数を傍記する。 例　3 c）復帰用は、 R とする。

ベル		警報用と時報用とを区別する場合は、次による。 警報用 A 時報用 T
ブザー		警報用と時報用とを区別する場合は、次による。 警報用 A 時報用 T
チャイム		
表示器（盤）		窓数を傍記する。 例 10
表示スイッチ （発信器）		表示スイッチ盤は、次によって表示し、スイッチ数を傍記する。 例 10
表示灯		壁付は、壁側を塗る。

付 -3-5-3 インターホン設備

名称	図記号	摘要	名称	図記号	摘要
電話機形 インターホン親機	t		電話機形 インターホン子機	t	
ドアホン	d		ドアホン 集合玄関機	d	

付 -3-5-4 駐車場管制設備

名称	図記号	摘要
ループコイル式 車両検出器	L	
信号灯（両面）		片面の場合は、 とする。
カーゲート	GT	
表示灯（片面）		両面の場合は、 とする。

付 -3-6 防災・防犯

付 -3-6-1 共同住宅用警報設備

名称	図記号	摘要
住戸用自火報 受信機	IP	
表示灯		
火災表示灯		
スピーカ		
ベル	B	屋外用は、 B とする。

ブザー	(BZ)	用途を示す場合は、次による。 ガス漏れ (BZ)G 自動断線警報 (BZ)A

付 -3-6-2 監視カメラ設備

名称	図記号	摘要	名称	図記号	摘要
カメラ			モニタ	TVM	
監視カメラ装置架	CCTV				

付 -3-7 避雷設備

名称	図記号	摘要
突針部 平面図用		
立面図用		
避雷導線及び棟上げ導体		a）必要に応じ、材料の種類、太さなどを傍記する。 b）接続点は、次による。
接地抵抗測定用端子	⊗	接地用端子箱に収納する場合は、次による。
接地極	EL	必要に応じ、接地極の目的、材料の種類、大きさ、接地抵抗値などを傍記する。

付 -3-8 屋外設備

名称	図記号	摘要	名称	図記号	摘要
電柱		種類、長さ、末口径及び設計荷重などを傍記する。	支線	→	材質、太さなどを傍記する。
支柱		材質、長さなどを傍記する。	架空配線		太さ、条数及び電線種別などを傍記する。
地中配線		ケーブル種別、太さ、線心数、条数及び保護材などを傍記する。	マンホール	M	図記号 M は、としてもよい。
ハンドホール	H	図記号 H は、としてもよい。	埋設標		種類を示す場合は、傍記する。

付録 2
見本図

※ここに掲載する見本図は、A3 サイズで作成されたものであるが、紙面の都合上、65%に縮小してある。それに伴い、線の太さや文字などは本書の記述と異なる場合がある。

また、図面は、本書の標準的な規準にできるだけ則して、施主や依頼者、工事業者などへ過不足なく分かりやすく設計意図を伝えることを主眼として、作成にあたることが望ましい。

山田太郎　様邸　エクステリア工事

図面リスト

図面名称	図面番号
表紙	
案内図・現況図	1/13
仕上表	2/13
一般平面図	3/13
一般立面図	4/13
平面詳細図-1	5/13
平面詳細図-2	6/13
立面詳細図	7/13
植栽計画図	8/13
断面詳細図-1	9/13
断面詳細図-2	10/13
断面詳細図-3	11/13
断面詳細図-4	12/13
完成予想図	13/13

2016.01.01
ｴｸｽﾃﾘｱｸﾞﾘｰﾝ企画

案内図・現況図

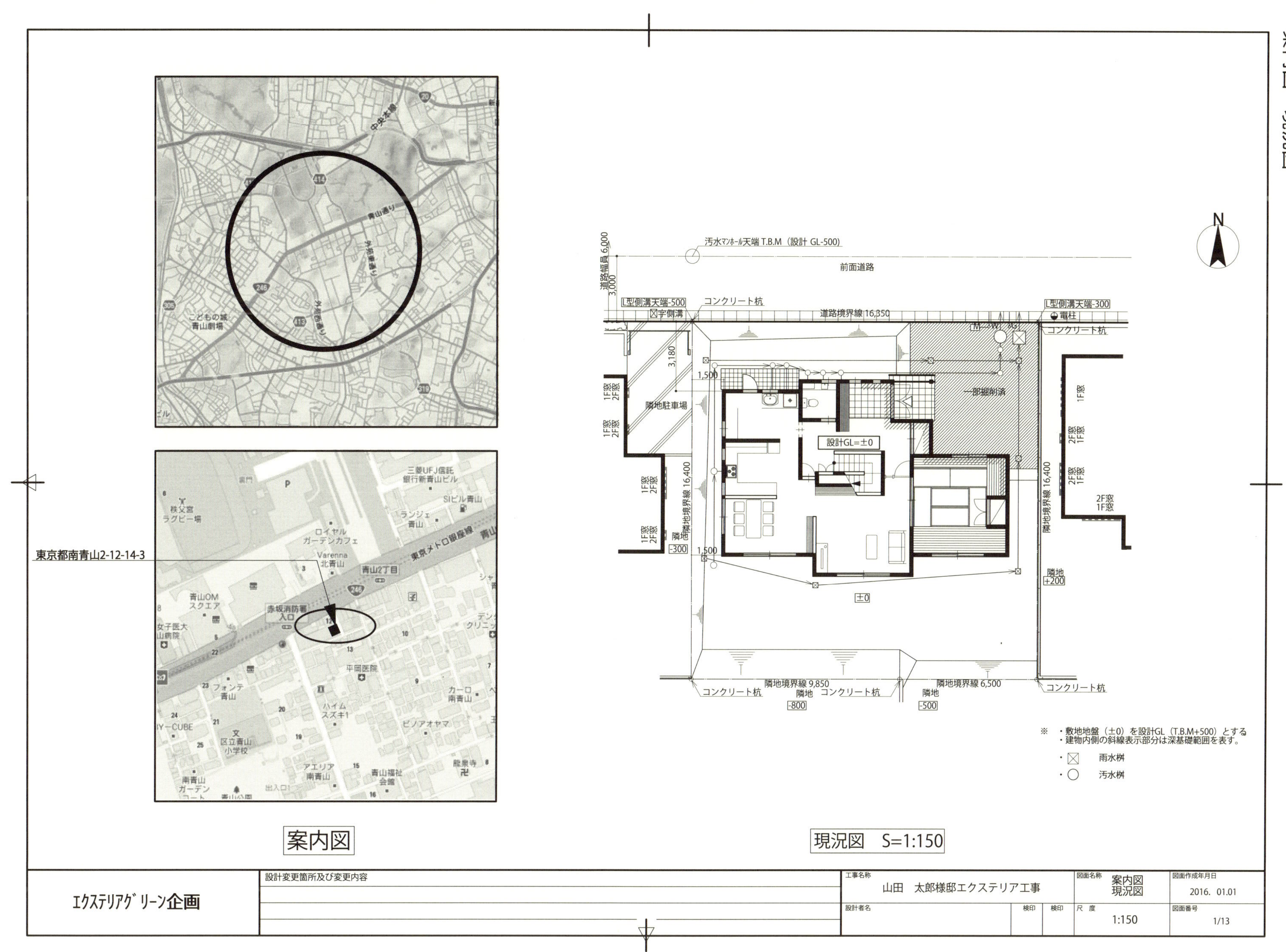

青山通り
外苑東通り
外苑西通り
こどもの城 青山劇場
東京都南青山2-12-14-3
東京メトロ銀座線
青山2丁目
赤坂消防署入口
平岡医院
区立青山小学校
案内図
汚水マンホール天端 T.B.M（設計 GL-500）
前面道路
道路幅員 6,000
3,000
L型側溝天端-500
U字側溝
L型側溝天端-300
電柱
コンクリート杭
道路境界線 16,350
3,180
1,500
隣地駐車場
一部掘削済
設計GL=±0
隣地境界線 16,400
隣地 -300
隣地 +200
±0
隣地境界線 9,850
隣地境界線 6,500
隣地 -800
隣地 -500
1F窓
2F窓
※　・敷地地盤（±0）を設計GL（T.B.M+500）とする
・建物内側の斜線表示部分は深基礎範囲を表す。
・雨水桝
・汚水桝
現況図　S=1:150
エクステリアグリーン企画
設計変更箇所及び変更内容
工事名称　山田　太郎様邸エクステリア工事
設計者名
検印
図面名称　案内図 現況図
尺度　1:150
図面作成年月日　2016. 01.01
図面番号　1/13

仕上表

仕上表（施設リスト）

部位	施設	仕上げ・商品	仕上がり高	下地	品番・メーカー	備考
門廻り	袖壁	両面塗り壁仕上げ	設計GL+1100	空洞ブロック（120C）7段積み 布基礎RCL形	青山化成・HG/002	
		片面ボーダータイル貼り付け仕上げ・グレー		空洞ブロック（120C）7段積み 布基礎RCL形	青山タイル・AYボーダー	
	門扉	アルミ形材既製扉・07-12・両開き・ブラック		支柱独立基礎	青山軽金・太郎門扉2型	
	表札	アルミ鋳物・規格文字タイプ（475×160）・ブラック		壁付け・M6ボルト止め	外苑前サイン・ロートアイアン調サイン	
	郵便受け	口金式・アルミ鋳物口金・ステンレス内箱		壁埋込み・420×364×390	青山軽金・EXポスト・N-A型	
	インターホン	取付のみ		壁埋込み・配管埋設		建築支給
	門灯	ブラケット・門袖灯・蛍光灯		壁付け・（226×203×66）	外苑電気・オシャレ（PM-11型）	
塀廻り	東側境界塀	駐車空間範囲隣地境界側・化粧ブロック積み・ベージュ	設計GL+1100	布基礎・ブロック積み2～3段積み・GL+100	青ーブロック・リブライン	
	西側境界塀	ブロック積み上部アルミ形材フェンスH=0.8	設計GL+1100	型枠状ブロック（150）3段積み・ベタ基礎 W600 T150	青山軽金・ステキスフェンス2型	
	南側境界塀	ブロック積み上部アルミ形材フェンスH=1.0	設計GL+1300	型枠状ブロック（150）4～6段積み ベタ基礎 W800 T150	青山軽金・太郎フェンスRP4	
	北側境界塀	両面塗り壁仕上げ・笠木付		空洞ブロック（120C）・型枠状ブロック（150）		
	宅内仕切り	アルミ形材角柱（□70）立込み	設計GL+1100	布基礎RCL形 W=170/D=400	青山金物・汎用パーツ柱材	
アプローチ園路	メインアプローチ	300角タイル貼り	設計GL+50	コンクリート下地ァ85・溶接金網φ3.2・地業(クラッシャーランC40)ァ100	外苑タイル・ニューベネトレート	
	メインアプローチ階段	300角段鼻役物（垂れ付き段鼻）タイル		コンクリート下地ァ85・溶接金網φ3.2・地業(クラッシャーランC40)ァ100	外苑タイル・ニューベネトレート	
	サブアプローチ・1	砂利洗い出し仕上げ	設計GL+50	コンクリート下地ァ85・溶接金網φ3.2・地業(クラッシャーランC40)ァ100	赤坂商店・甲賀砂利2分	
	サブアプローチ階段・1	蹴上げ・段鼻モルタルコテ押さえ・踏面：砂利洗い出し		コンクリート下地ァ85・溶接金網φ3.2・地業(クラッシャーランC40)ァ100	赤坂商店・甲賀砂利2分	
	サブアプローチ・1	モルタル金コテ押さえ	設計GL+50	コンクリート下地ァ85・溶接金網φ3.2・地業(クラッシャーランC40)ァ100		枡廻り補強配筋
	サブアプローチ階段・1	モルタル金コテ押さえ		コンクリート下地ァ85・溶接金網φ3.2・地業(クラッシャーランC40)ァ100		
駐車場廻り	床舗装・1	小舗石貼り（御影石・□90×45）・半ピン		コンクリート下地ァ100・溶接金網φ5・地業(クラッシャーランC40)ァ100	青山興業・ピンコロ	
	床舗装・2	コンクリート直押さえ・目地切り		コンクリート下地ァ100・溶接金網φ5・地業(クラッシャーランC40)ァ100		
	屋根	アルミ形材既製屋根・片屋根式(30・50型)		独立基礎・屋根材ポリカーボネート（3,006×2,520）・標準柱H=2,209	青山金物・レギュラーポート	
	扉	アルミ形材既製扉・跳ね上げ式・W=3.0・電動式		支柱基礎（独立基礎）・30-12・ブラック・標準	青山金物・オーバードアAO型	
	設備	立水栓・コン柱のみ		レジコン製水栓柱・VB15・御影・DLS-10 □74×75×1,000	渋谷設備・SBR-DOS-10	
駐輪場廻り	床舗装	コンクリート直押さえ（駐車空間床と兼用）		コンクリート下地ァ100mm・地業(クラッシャーランC40)ァ100mm		
	屋根	なし（駐車空間屋根と兼用）				
	設備	サイクルスタンド・2台		自転車スタンド・51×43×22・スチール	参道エクステリア・B-1	
サービスヤード廻り	床舗装	ピリ砂利敷仕上げ		防草シート敷の上に砂利敷		
	物置	デッキ上置き木製既製物置・ブラウン		W1540×D1265×H1900	銀座物置・A-1型	
	洗い場	なし				
	屋根	なし				
土止め・仕切り	花壇縁取り	ボーダータイル貼り＋笠木自然石方形板石	設計GL-100	空洞ブロック（120C）2段積み	青山タイル・AYボーダー	
	宅地内植栽枡縁取り	化粧ブロック積み・ベージュ	設計GL+100・+50	布基礎・ブロック積み2～3段・GL+100	青ーブロック・リブライン	
	砂利止め	地先境界ブロック敷設（□100×600）	設計GL+50	クラッシャーランC40ァ50＋モルタル下地ァ50		
庭廻り	デッキ	国産杉材・AQC処理		基礎石・束柱（□90）・床板、根太（120×40）	表参道木材・AQC杉	
	テラス	なし				
	パーゴラ	国産杉材・AQC処理・金具止め		独立基礎・4箇所・H型アンカー使用・柱、梁、桁（□90）・垂木（120×40）	表参道木材・AQC杉	
	濡れ縁	木製濡れ縁・国内産杉		床板（120×90）・束柱、根太（□90） W=300×D450	表参道木材・AQC杉	
	サンルーム	なし				
	ベンチ	天然杉・オイルステイン塗装・収納付き3個		100×390×400・背もたれ、収納付き	表参道木材・AQC杉	
	立水栓	既製立水栓（フォーレットー口水栓柱）		丸型パンセット（600×555×626）	青山金物・立水栓ユニット	
	沓脱石	御影石・自然石加工2.5尺		サンドクッション50mm	赤坂商店・甲州	
	飛石	御影石・サビ石・自然石加工φ300～400内外		サンドクッション30mm	赤坂商店・甲州	
	延段	ジャワストーン乱形石乱貼り W=450		コンクリート下地ァ85・溶接金網φ3.2・地業(クラッシャーランC40)ァ100	赤坂商店・ジャワストーン	
	景石	なし				
	水鉢	御影石角柱□400H=750・自噴式		地業＋コンクリート基礎	赤坂商店・中国産御影角石	
	場内地被	サビ砂利敷・敷厚50mm		地ならしのみ	赤坂商店・北山あられ	
	海	伊勢ゴロタ敷 φ75～		コンクリート下地ァ85・溶接金網φ3.2・地業(クラッシャーランC40)ァ100	赤坂商店・伊勢ゴロタ	
設備	給水	水道水給水工事		水鉢と立水栓の給水工事		別途工事とします
	排水	排水UV75パイプ		水鉢と立水栓の給水工事		別途工事とします
	照明	庭園灯3箇所(LED)		キャブタイヤケーブル・地面に直差込	外苑電気・Gライト（L-3型）	
その他						

エクステリアグリーン企画	設計変更箇所及び変更内容	工事名称：山田 太郎様邸エクステリア工事	図面名称：仕上表	図面作成年月日：2016. 01.01
		設計者名 / 検印 / 検印	尺度	図面番号：2/13

一般平面図

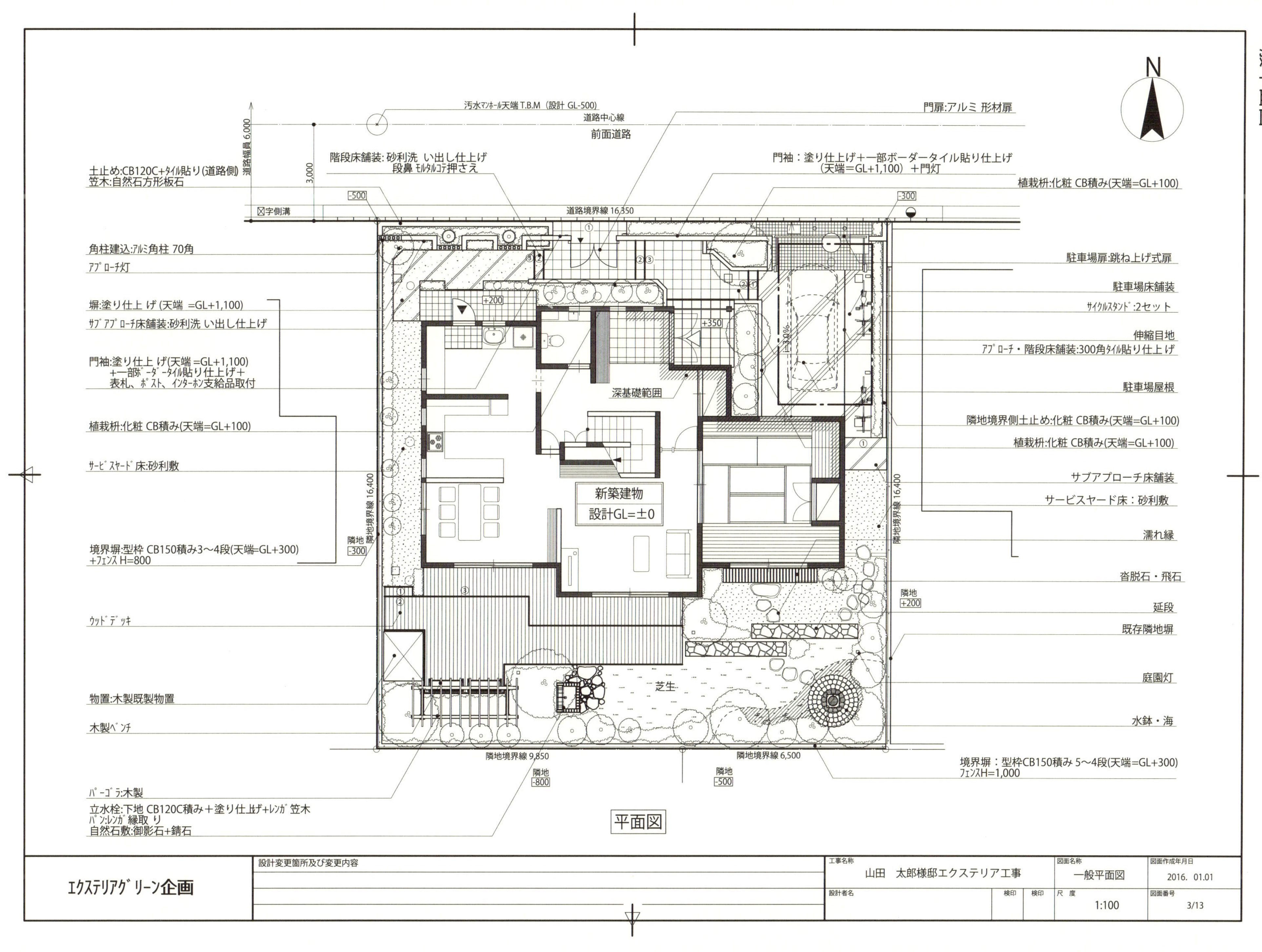

N
汚水マンホール天端 T.B.M（設計 GL-500）
道路中心線
前面道路
道路幅員 6,000
3,000
門扉:アルミ 形材扉
階段床舗装: 砂利洗 い出し仕上げ
段鼻 モルタルコテ押さえ
門袖：塗り仕上げ＋一部ボーダータイル貼り仕上げ
（天端=GL+1,100）＋門灯
土止め:CB120C+タイル貼り(道路側)
笠木:自然石方形板石
植栽枡:化粧 CB積み(天端=GL+100)
-500
-300
U字側溝
道路境界線 16,350
角柱建込:アルミ角柱 70角
アプローチ灯
駐車場扉:跳ね上げ式扉
駐車場床舗装
サイクルスタンド:2セット
塀:塗り仕上げ (天端 =GL+1,100)
サブアプローチ床舗装:砂利洗い出し仕上げ
伸縮目地
アプローチ・階段床舗装:300角タイル貼り仕上げ
門袖:塗り仕上げ(天端 =GL+1,100)
+一部ボーダータイル貼り仕上げ+
表札、ポスト、インターホン支給品取付
+200
+350
深基礎範囲
駐車場屋根
植栽枡:化粧 CB積み(天端=GL+100)
隣地境界側土止め:化粧 CB積み(天端=GL+100)
植栽枡:化粧 CB積み(天端=GL+100)
サービスヤード床:砂利敷
サブアプローチ床舗装
サービスヤード床：砂利敷
新築建物
設計GL=±0
隣地境界線 16,400
隣地 -300
濡れ縁
境界塀:型枠 CB150積み3～4段(天端=GL+300)
+フェンス H=800
沓脱石・飛石
隣地 +200
延段
ウッドデッキ
既存隣地塀
芝生
庭園灯
物置:木製既製物置
水鉢・海
木製ベンチ
隣地境界線 9,850
隣地境界線 6,500
隣地 -800
隣地 -500
境界塀：型枠CB150積み 5～4段(天端=GL+300)
フェンスH=1,000
パーゴラ:木製
立水栓:下地 CB120C積み＋塗り仕上げ+レンガ笠木
パン:レンガ縁取り
自然石敷:御影石+錆石
平面図
エクステリアグリーン企画
設計変更箇所及び変更内容
工事名称
山田 太郎様邸エクステリア工事
設計者名
検印
検印
図面名称
一般平面図
尺度
1:100
図面作成年月日
2016. 01.01
図面番号
3/13

一般立面図

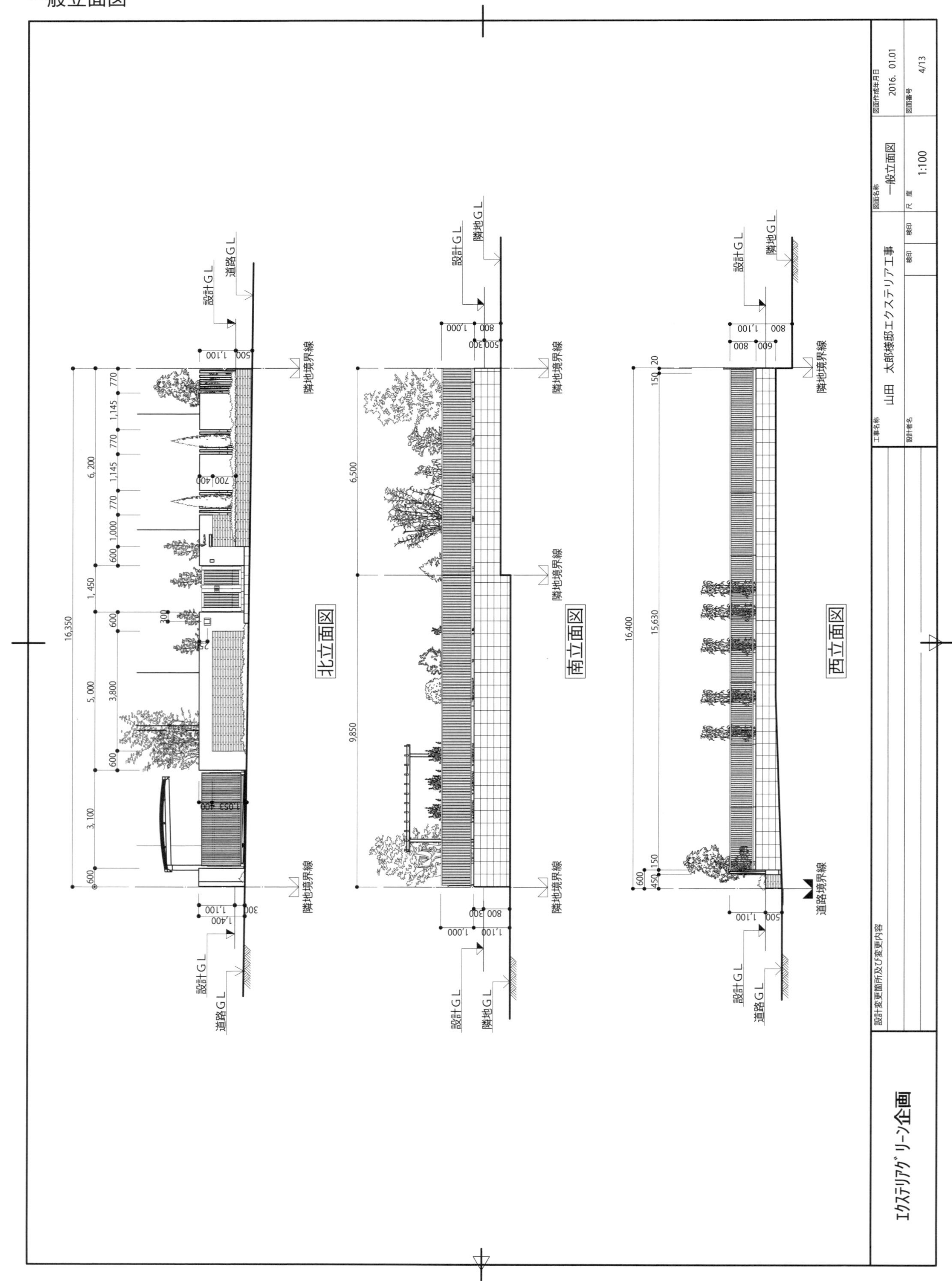
北立面図
南立面図
西立面図
隣地境界線
道路境界線
設計GL
道路GL
隣地GL
工事名称
山田　太郎様邸エクステリア工事
図面名称
一般立面図
尺度
1:100
図面作成年月日
2016. 01.01
図面番号
4/13
設計者名
検印
設計変更箇所及び変更内容
エクステリアグリーン企画

平面詳細図-1

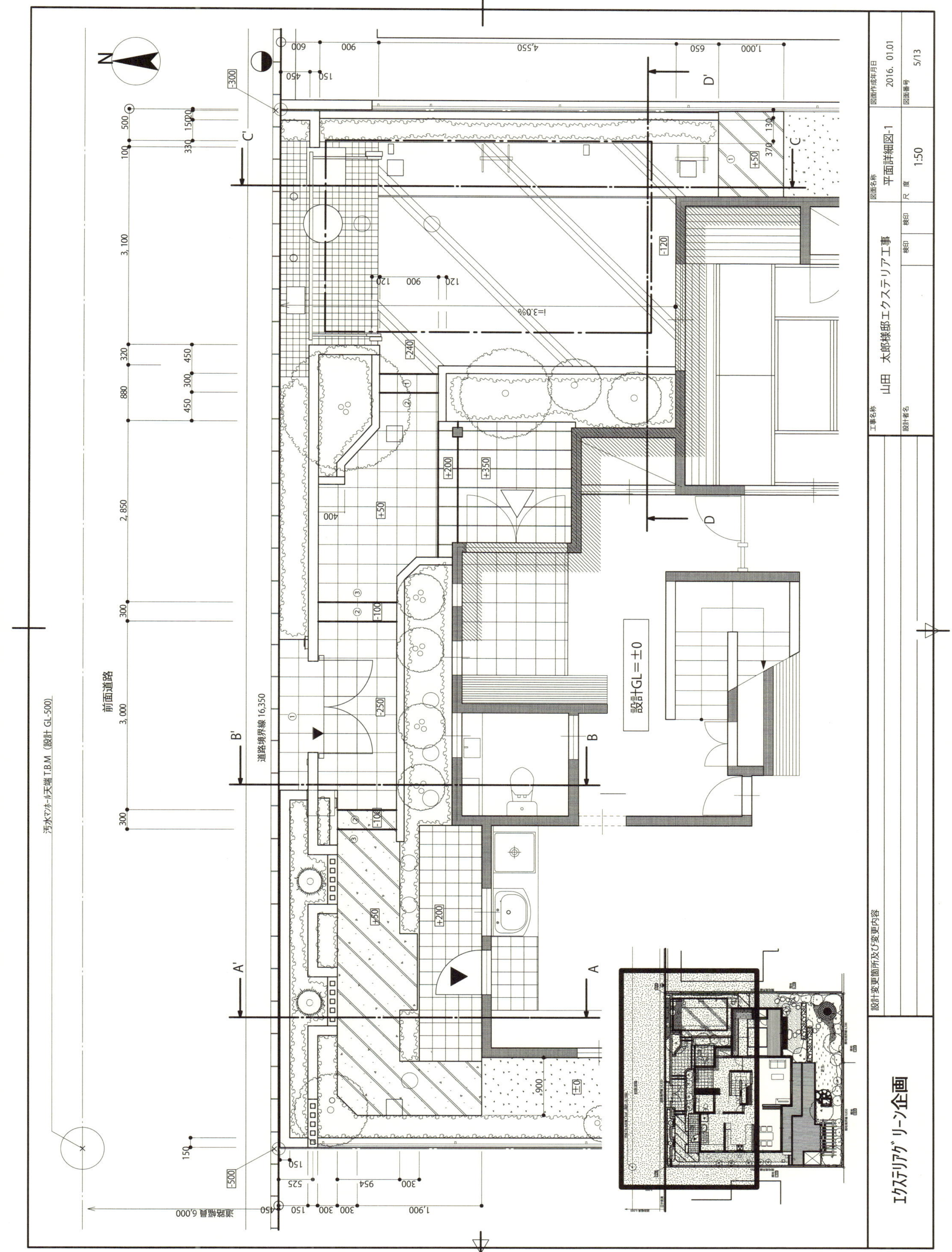
工事名称
山田　太郎様邸エクステリア工事
図面名称
平面詳細図-1
図面作成年月日
2016. 01.01
尺度
1:50
図面番号
5/13
設計変更箇所及び変更内容
エクステリアグリーン企画
設計GL=±0
前面道路
道路境界線 16,350
汚水マンホール天端 T.B.M（設計 GL-500）
i=3.0%

平面詳細図-2

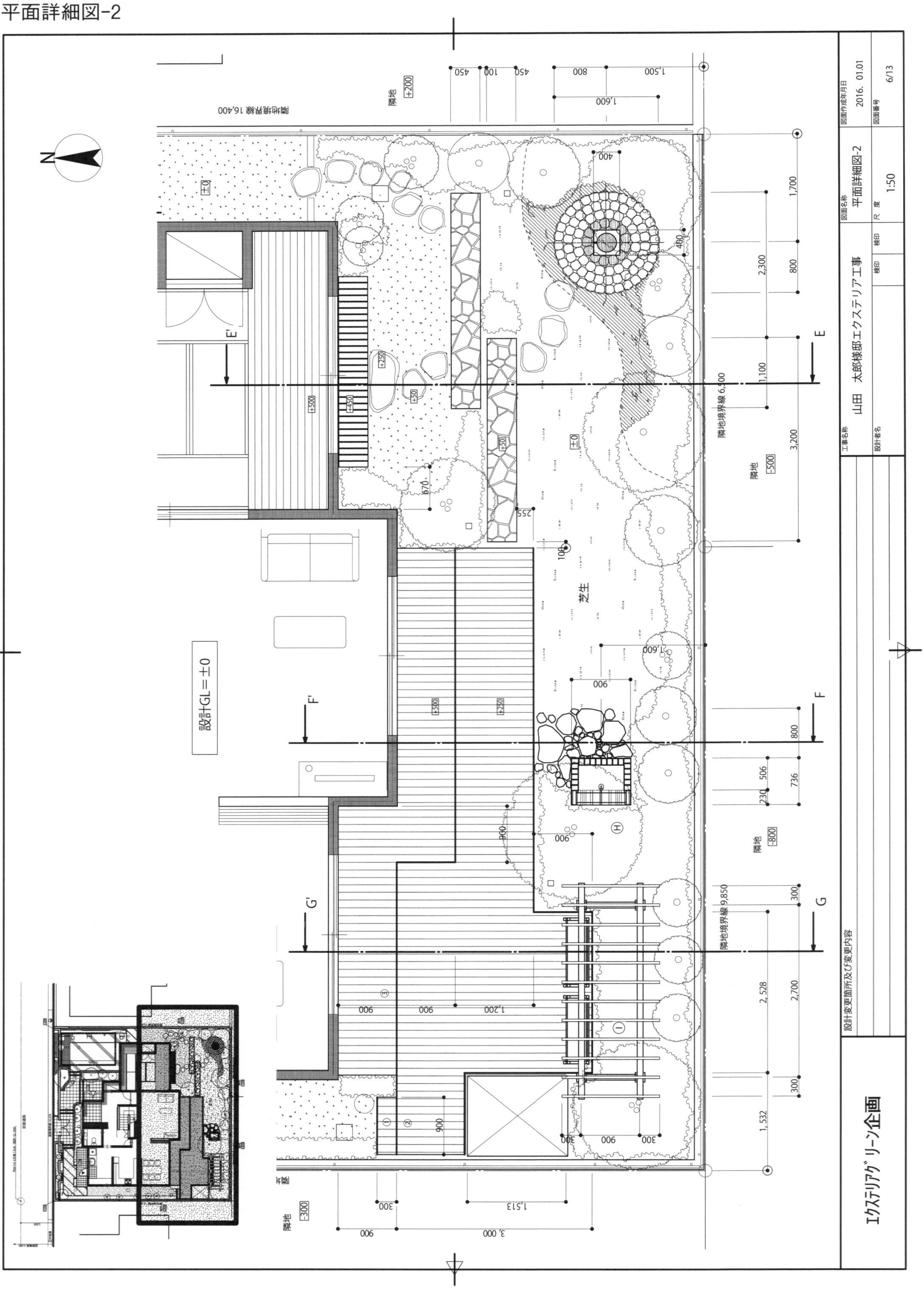

設計GL＝±0

芝生

隣地境界線 16,400

隣地境界線 6,500

隣地境界線 9,850

工事名称　山田　太郎様邸エクステリア工事

図面名称　平面詳細図-2

尺度　1:50

図面作成年月日　2016. 01.01

図面番号　6/13

設計変更箇所及び変更内容

エクステリアグリーン企画

立面詳細図

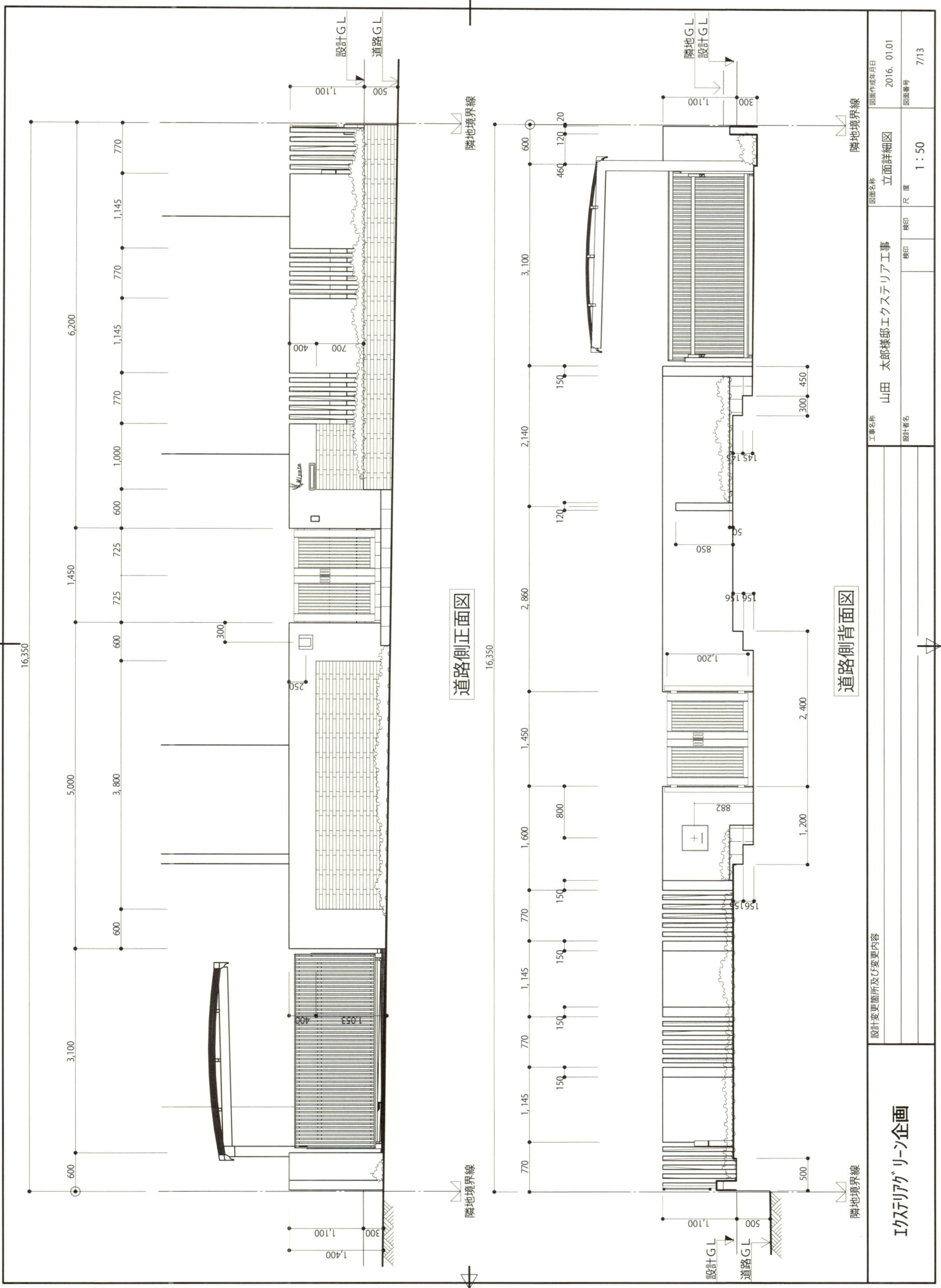

道路側正面図

道路側背面図

隣地境界線

設計GL

道路GL

隣地GL

設計変更箇所及び変更内容

エクステリアグリーン企画

工事名称	山田　太郎様邸エクステリア工事
図面名称	立面詳細図
尺度	1：50
図面作成年月日	2016．01.01
図面番号	7/13
設計者名	
検印	

植栽計画図

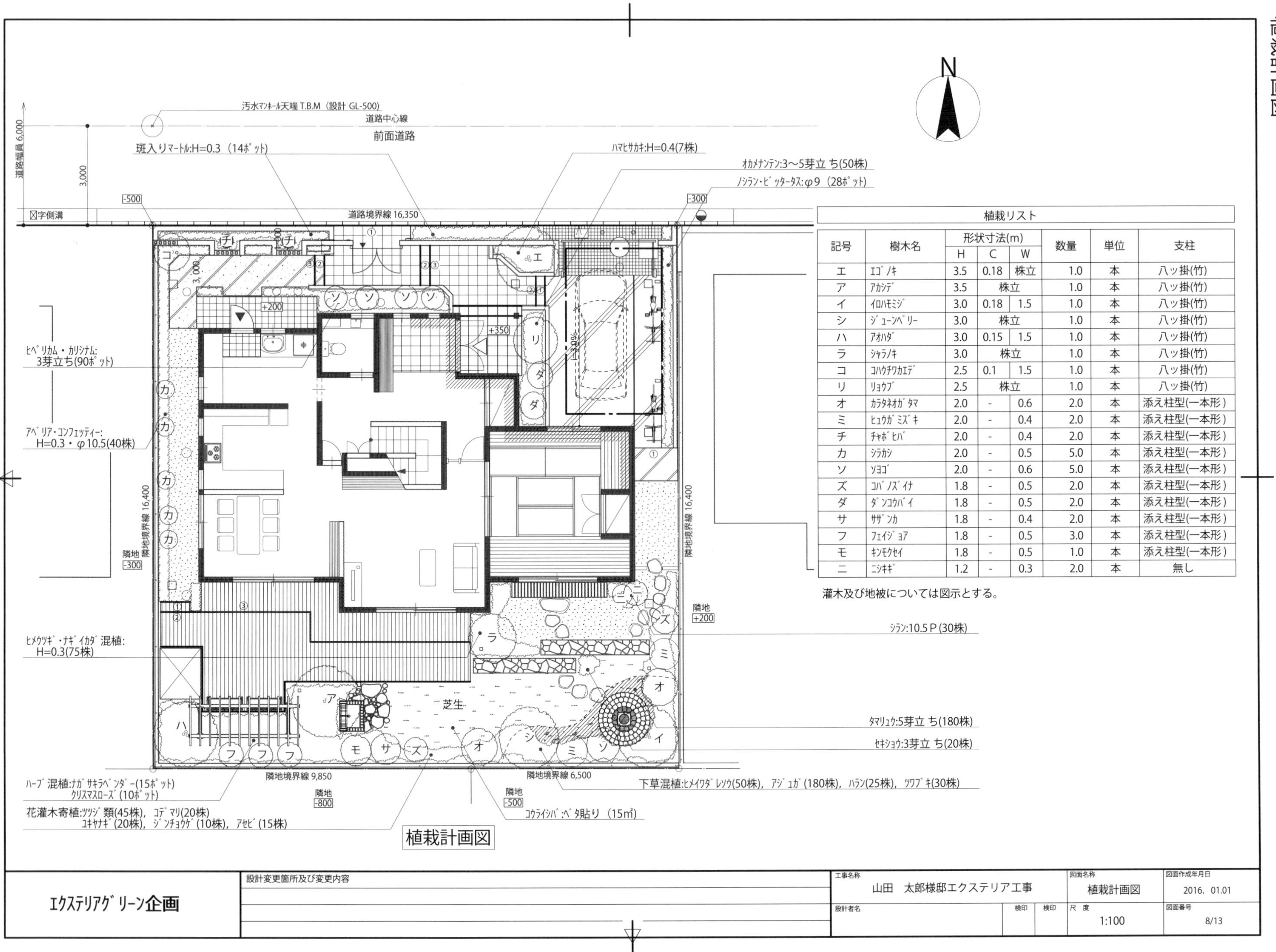

植栽リスト

記号	樹木名	形状寸法(m) H	C	W	数量	単位	支柱
エ	エゴノキ	3.5	0.18	株立	1.0	本	八ッ掛(竹)
ア	アカシデ	3.5	株立		1.0	本	八ッ掛(竹)
イ	イロハモミジ	3.0	0.18	1.5	1.0	本	八ッ掛(竹)
シ	ジューンベリー	3.0	株立		1.0	本	八ッ掛(竹)
ハ	アオハダ	3.0	0.15	1.5	1.0	本	八ッ掛(竹)
ラ	シャラノキ	3.0	株立		1.0	本	八ッ掛(竹)
コ	コハウチワカエデ	2.5	0.1	1.5	1.0	本	八ッ掛(竹)
リ	リョウブ	2.5	株立		1.0	本	八ッ掛(竹)
オ	カラタネオガタマ	2.0	-	0.6	2.0	本	添え柱型(一本形)
ミ	ヒュウガミズキ	2.0	-	0.4	2.0	本	添え柱型(一本形)
チ	チャボヒバ	2.0	-	0.4	2.0	本	添え柱型(一本形)
カ	シラカシ	2.0	-	0.5	5.0	本	添え柱型(一本形)
ソ	ソヨゴ	2.0	-	0.6	5.0	本	添え柱型(一本形)
ズ	コバノズイナ	1.8	-	0.5	2.0	本	添え柱型(一本形)
ダ	ダンコウバイ	1.8	-	0.5	2.0	本	添え柱型(一本形)
サ	サザンカ	1.8	-	0.4	2.0	本	添え柱型(一本形)
フ	フェイジョア	1.8	-	0.5	3.0	本	添え柱型(一本形)
モ	キンモクセイ	1.8	-	0.5	1.0	本	添え柱型(一本形)
ニ	ニシキギ	1.2	-	0.3	2.0	本	無し

灌木及び地被については図示とする。

断面詳細図-1

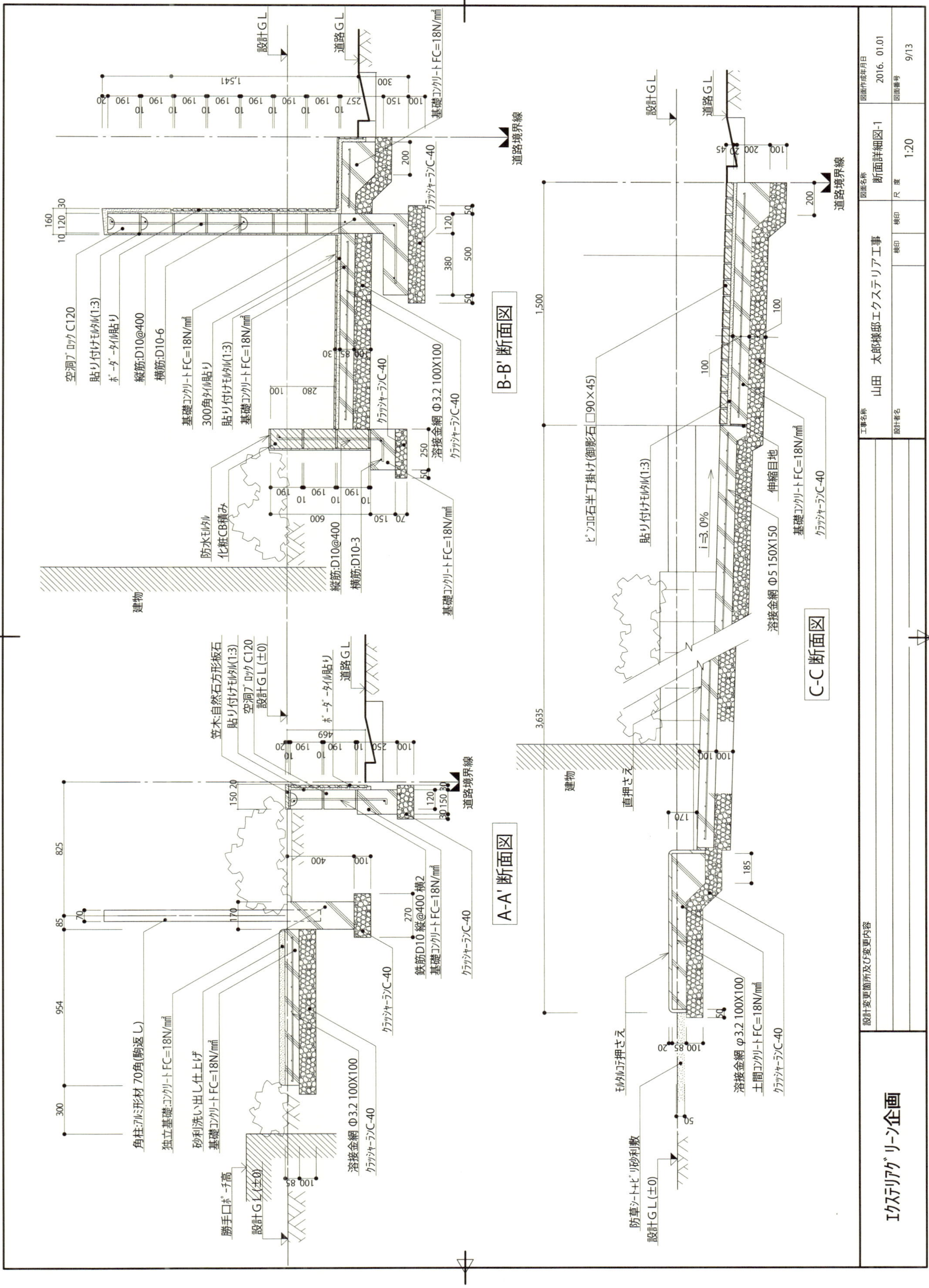

B-B' 断面図

設計ＧＬ
道路ＧＬ
道路境界線
1,541
20 190 10 190 10 190 10 190 10 190 10 190 10 257 300 150 100
200
160 10 120 30
空洞ブロックC120
貼り付けモルタル(1:3)
ボーダータイル貼り
縦筋:D10@400
横筋:D10-6
基礎コンクリートFC=18N/㎟
300角タイル貼り
貼り付けモルタル(1:3)
基礎コンクリートFC=18N/㎟
120 380 50 500 50
クラッシャーランC-40
100 85 30
280 100
溶接金網 Φ3.2 100X100
クラッシャーランC-40
250 50
190 10 190 10 190 10 600 70 150
防水モルタル
化粧CB積み
縦筋:D10@400
横筋:D10-3
基礎コンクリートFC=18N/㎟
建物

A-A' 断面図

笠木:自然石方形板石
貼り付けモルタル(1:3)
空洞ブロックC120
設計ＧＬ(±0)
ボーダータイル貼り
道路ＧＬ
469
20 190 10 190 10 250 100
道路境界線
150 20
120 30 150 30
825 400 100
鉄筋D10 縦@400 横2
基礎コンクリートFC=18N/㎟
クラッシャーランC-40
270
85 70 170
954 300
角柱:アルミ形材 70角(駒返し)
独立基礎:コンクリートFC=18N/㎟
砂利洗い出し仕上げ
基礎コンクリートFC=18N/㎟
溶接金網 Φ3.2 100X100
クラッシャーランC-40
勝手口ポーチ高
設計ＧＬ(±0)
100 85

C-C 断面図

設計ＧＬ
道路ＧＬ
45 20 200 100
道路境界線
200
1,500 3,635
100 100
ピンコロ石半丁掛け(御影石□90×45)
貼り付けモルタル(1:3)
i=3.0%
伸縮目地
基礎コンクリートFC=18N/㎟
クラッシャーランC-40
溶接金網 Φ5 150X150
建物
直押さえ
100 100
170 185
50
モルタルコテ押さえ
100 85 20
50
溶接金網 φ3.2 100X100
土間コンクリートFC=18N/㎟
クラッシャーランC-40
防草シート+ピリ砂利敷
設計ＧＬ(±0)

設計変更箇所及び変更内容	工事名称	図面名称	図面作成年月日
	山田　太郎様邸エクステリア工事	断面詳細図-1	2016. 01.01
	設計者名	尺度 1:20	図面番号 9/13

エクステリアグリーン企画

断面詳細図-2

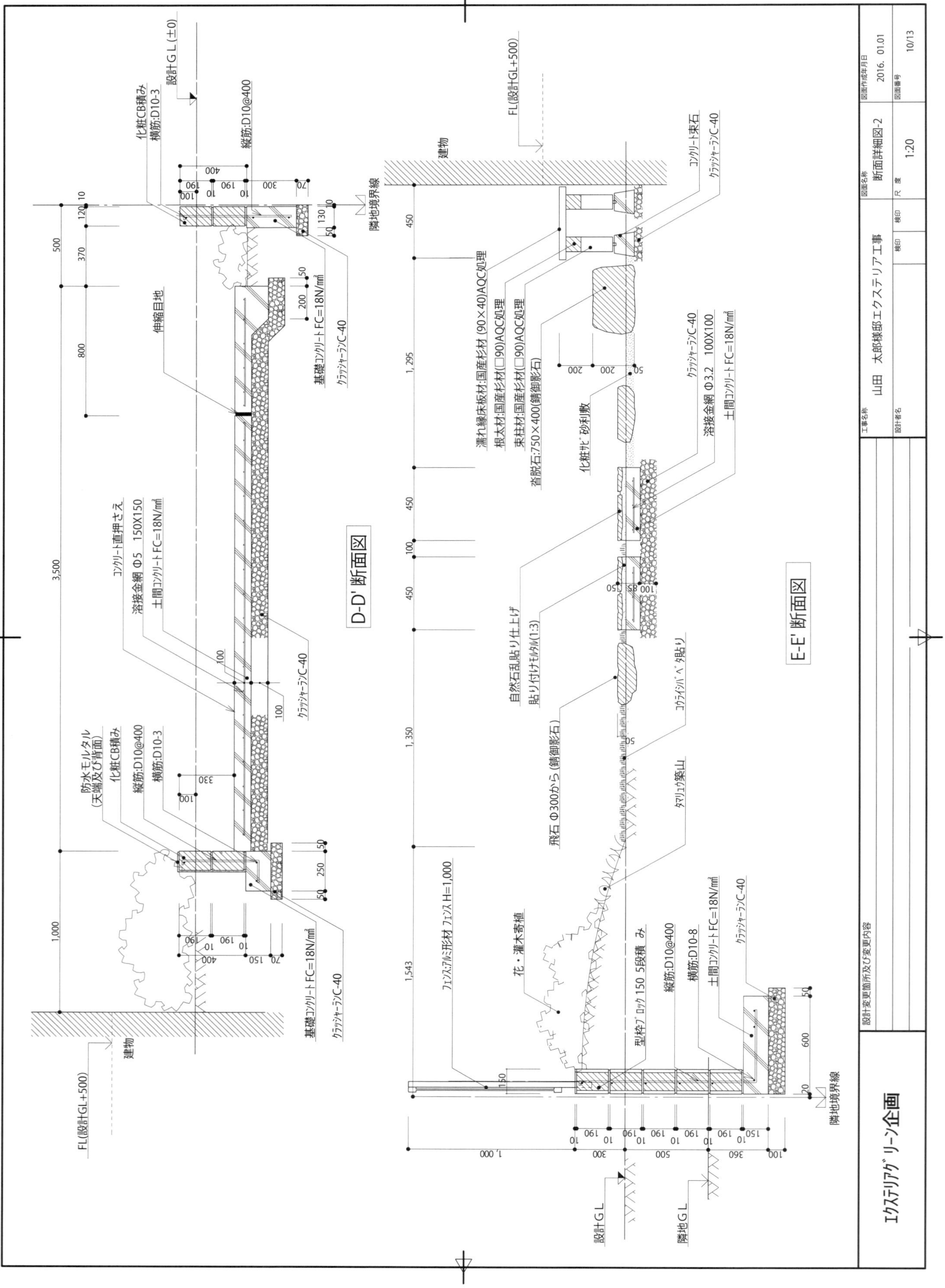

D-D' 断面図

FL(設計GL+500)
建物
防水モルタル
(天端及び背面)
化粧CB積み
縦筋:D10@400
横筋:D10-3
コンクリート直押さえ
溶接金網 Φ5 150X150
土間コンクリート FC=18N/mm²
伸縮目地
化粧CB積み
横筋:D10-3
設計ＧＬ(±0)
縦筋:D10@400
基礎コンクリート FC=18N/mm²
クラッシャーランC-40
クラッシャーランC-40
基礎コンクリート FC=18N/mm²
クラッシャーランC-40
隣地境界線

1,000　3,500　500
800　370　120　10
100　330　100　100
400　190　10　190　10　150　70
50　250　50
200　50
100　190　10　190　10　400　300　70
130　50　10

E-E' 断面図

フェンス:アルミ形材 フェンス H=1,000
花・灌木寄植
設計ＧＬ
型枠ブロック 150 5段積 み
縦筋:D10@400
横筋:D10-8
土間コンクリート FC=18N/mm²
クラッシャーランC-40
隣地ＧＬ
隣地境界線
タマリュウ築山
コウライシバベタ貼り
飛石 Φ300から(錆御影石)
自然石乱貼り仕上げ
貼り付けモルタル(1:3)
クラッシャーランC-40
溶接金網 Φ3.2 100X100
土間コンクリート FC=18N/mm²
化粧サビ砂利敷
沓脱石:750×400(錆御影石)
束柱材:国産杉材(□90)AQC処理
根太材:国産杉材(□90)AQC処理
濡れ縁床板材:国産杉材 (90×40)AQC処理
建物
FL(設計GL+500)
コンクリート束石
クラッシャーランC-40

1,543　1, 350　450　100　450　1, 295　450
1,000　150
10　190　10　190　10　190　10　190　10　190　150
300　500　360　100
20　600　50
50　150　85　100　50　200　200　50

エクステリアグリーン企画	設計変更箇所及び変更内容	工事名称 山田　太郎様邸エクステリア工事	図面名称 断面詳細図-2	図面作成年月日 2016. 01.01
		設計者名　検印　検印	尺度 1:20	図面番号 10/13

断面詳細図-3

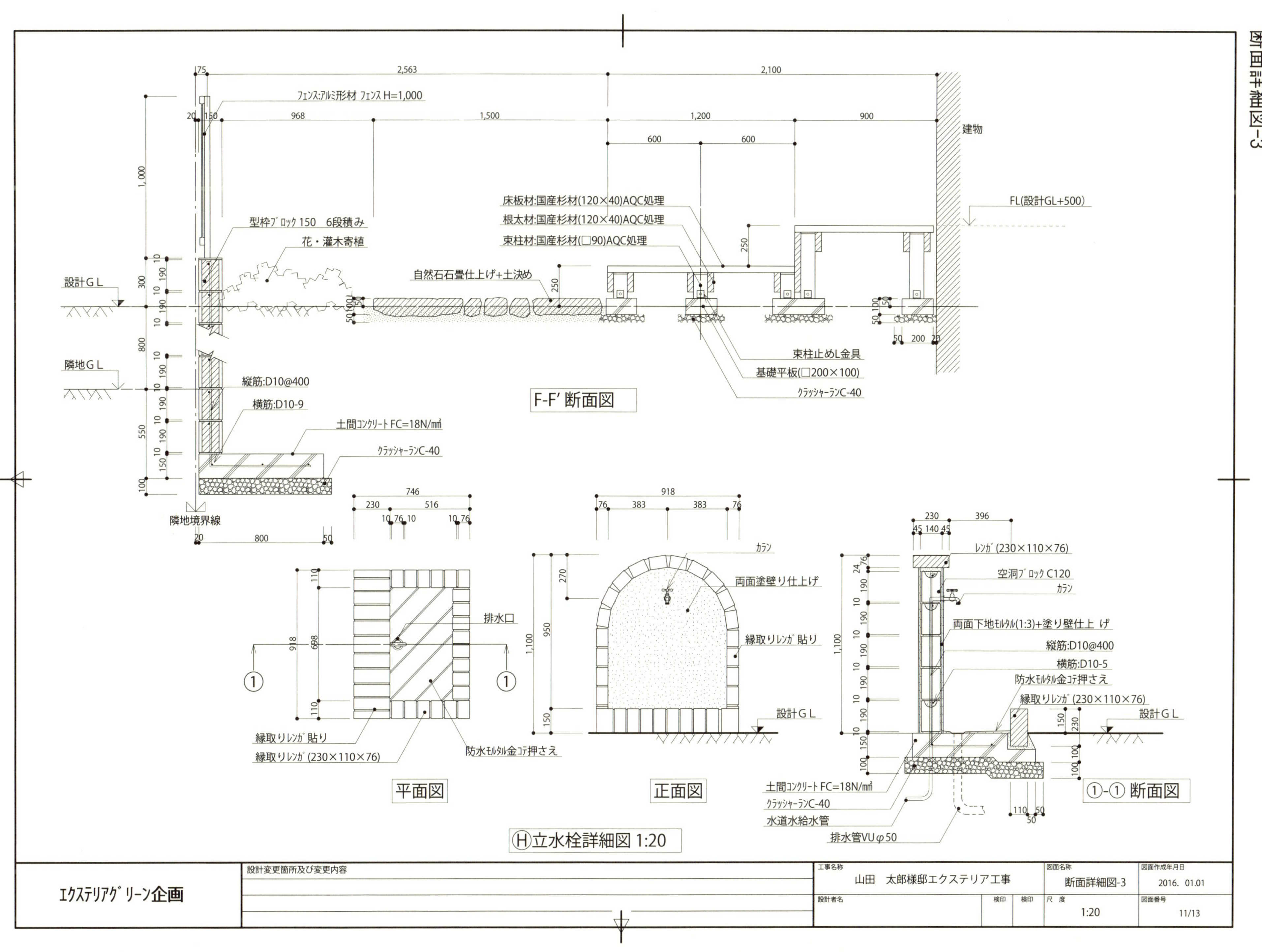
フェンス:アルミ形材 フェンス H=1,000
建物
床板材:国産杉材(120×40)AQC処理
根太材:国産杉材(120×40)AQC処理
束柱材:国産杉材(□90)AQC処理
FL(設計GL+500)
型枠ブロック150 6段積み
花・灌木寄植
自然石石畳仕上げ+土決め
設計GL
隣地GL
束柱止めL金具
基礎平板(□200×100)
クラッシャーランC-40
縦筋:D10@400
横筋:D10-9
F-F' 断面図
土間コンクリートFC=18N/mm²
クラッシャーランC-40
隣地境界線
カラン
両面塗壁り仕上げ
排水口
縁取りレンガ貼り
設計GL
縁取りレンガ貼り
縁取りレンガ(230×110×76)
防水モルタル金コテ押さえ
レンガ(230×110×76)
空洞ブロックC120
カラン
両面下地モルタル(1:3)+塗り壁仕上げ
縦筋:D10@400
横筋:D10-5
防水モルタル金コテ押さえ
縁取りレンガ(230×110×76)
設計GL
平面図
正面図
①-① 断面図
土間コンクリートFC=18N/mm²
クラッシャーランC-40
水道水給水管
排水管VUφ50
Ⓗ立水栓詳細図 1:20
エクステリアグリーン企画
設計変更箇所及び変更内容
工事名称
山田 太郎様邸エクステリア工事
設計者名
検印
図面名称
断面詳細図-3
尺度
1:20
図面作成年月日
2016. 01.01
図面番号
11/13

断面詳細図-4

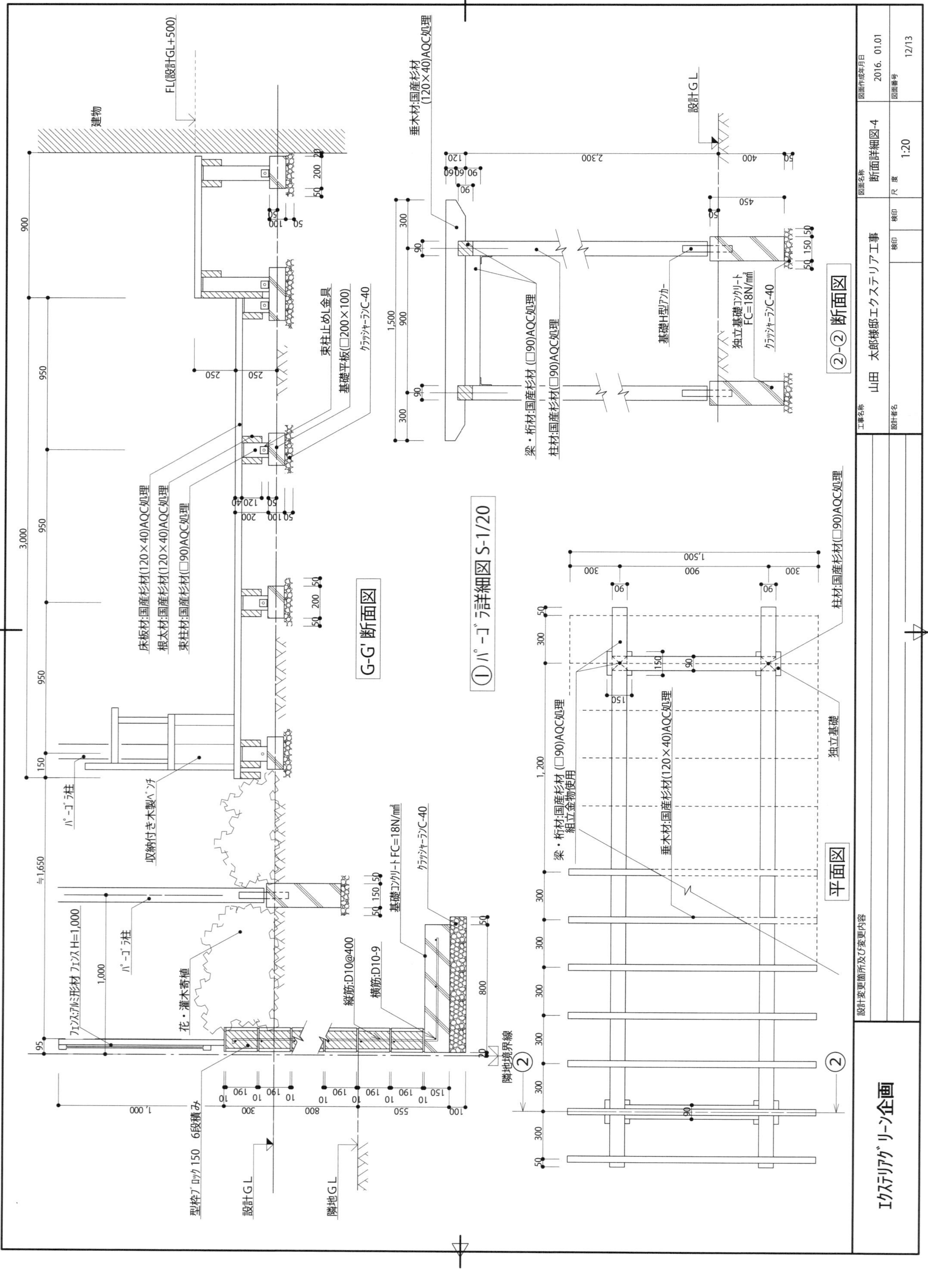

① パーゴラ詳細図 S-1/20

G-G' 断面図

建物
FL(設計GL+500)
床板材:国産杉材(120×40)AQC処理
根太材:国産杉材(120×40)AQC処理
束柱材:国産杉材(□90)AQC処理
束柱止めL金具
基礎平板(□200×100)
ｸﾗｯｼｬｰﾗﾝC-40
パーゴラ柱
収納付き木製ベンチ
フェンス:アルミ形材 フェンス H=1,000
パーゴラ柱
花・灌木寄植
型枠ブロック150 6段積み
設計GL
隣地GL
縦筋:D10@400
横筋:D10-9
基礎コンクリート FC=18N/㎟
ｸﾗｯｼｬｰﾗﾝC-40
隣地境界線

平面図

梁・桁材:国産杉材 (□90)AQC処理
組立金物使用
垂木材:国産杉材(120×40)AQC処理
独立基礎
柱材:国産杉材(□90)AQC処理

②-② 断面図

垂木材:国産杉材
(120×40)AQC処理
梁・桁材:国産杉材 (□90)AQC処理
柱材:国産杉材(□90)AQC処理
基礎H型アンカー
設計GL
独立基礎コンクリート
FC=18N/㎟
ｸﾗｯｼｬｰﾗﾝC-40

エクステリアグリーン企画	設計変更箇所及び変更内容	工事名称: 山田 太郎様邸エクステリア工事	図面名称: 断面詳細図-4	図面作成年月日: 2016. 01.01
		設計者名 / 検印 / 検印	尺度: 1:20	図面番号: 12/13

完成予想図

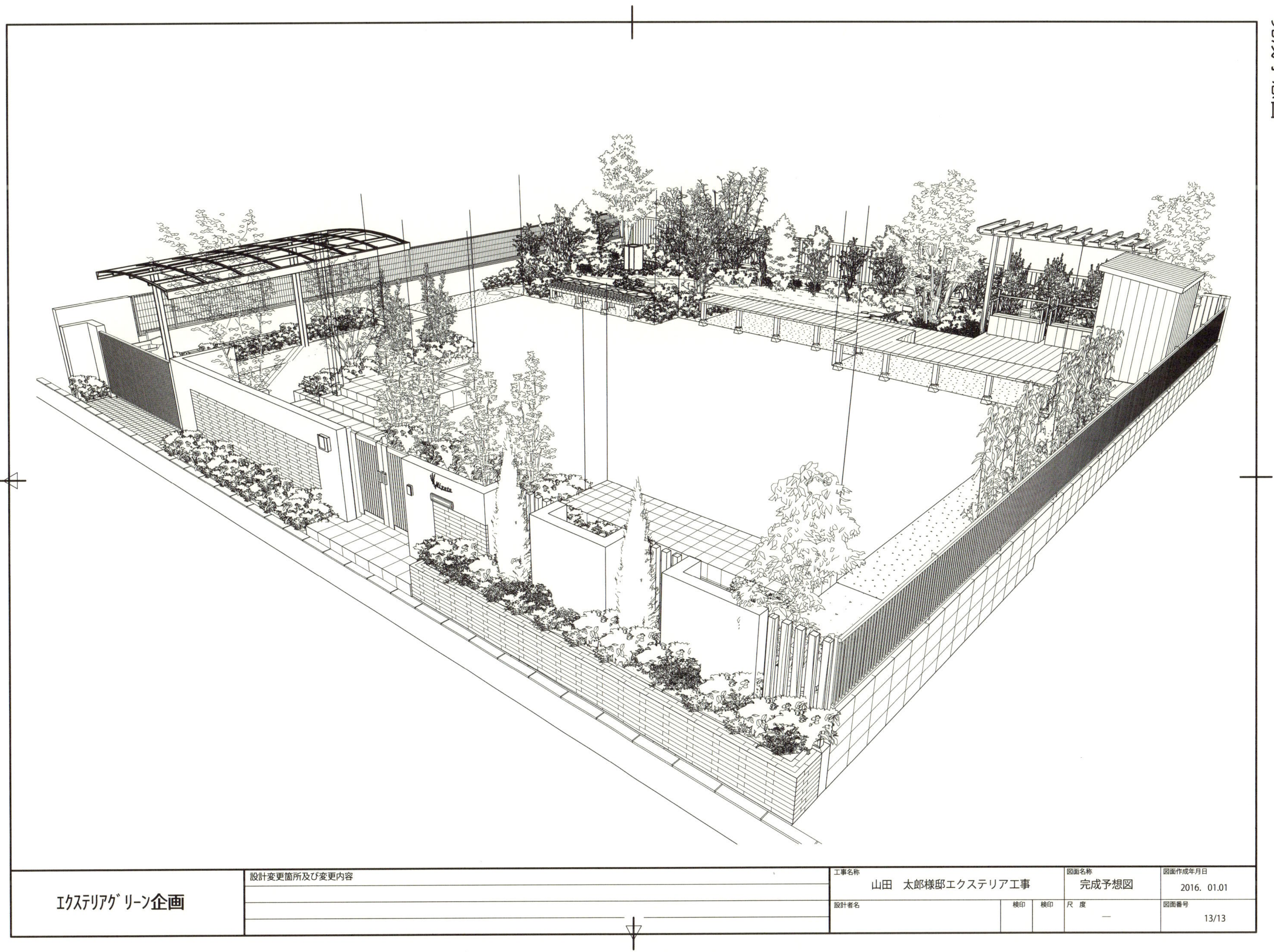

エクステリアグリーン企画
設計変更箇所及び変更内容
工事名称
山田　太郎様邸エクステリア工事
設計者名
検印
検印
図面名称
完成予想図
尺度
—
図面作成年月日
2016. 01.01
図面番号
13/13

参考・引用文献

「日本工業規格（JIS）」 日本規格協会
『土木製図基準〔2009年改訂版・第2刷〕』 土木学会編、丸善出版、2013年
『SHASE-S 001-2005 図示記号』 空気調和・衛生工学会、2006年
『ランドスケープ・デザインノート　造園図面の表現と描法2』
　　　　濱名光彦、小板橋二三男、誠文堂新光社、1985年
「造園製図規格（案）」『造園雑誌』第51巻第4号、日本造園学会、1988年
『JISに基づく標準製図法』 大西清、オーム社、2013年
『新訂三版　建築製図　JISの製図規格／解説』 日本建築家協会編、彰国社、2001年

一般社団法人　日本エクステリア学会
〒107-0062　東京都港区南青山2丁目13番10号　ユニマットアネックスビル 5F
TEL　03-6432-9644　　FAX　03-5411-0962

◆日本エクステリア学会　正会員

吉田　克己	吉田造園設計工房
中澤　昭也	中庭園設計
奈村　康裕	株式会社ユニマットリック
蒲田　哲郎	旭化成ホームズ株式会社
伊藤　英	住友林業緑化株式会社
堀田　光晴	株式会社リック・C・S・R
粟井　琢美	三井ホーム株式会社
小沼　裕一	エスビック株式会社
小林　義幸	有限会社エクスパラダ
安光　洋一	有限会社安光セメント工業
石原　昌明	有限会社環境設計工房プタハ ptah
須長　一繁	株式会社草樹舎
上大田　佳代子	大和ハウス工業株式会社
大橋　芳信	日之出建材株式会社
山中　秀実	環境企画研究所
池ノ谷　静一	株式会社ソーセキ
鶴見　昇	有限会社ジェムストン
麻生　茂夫	有限会社創園社
松尾　英明	ガーデンサービス株式会社
加島　雅子	ガーデンプラス
直井　優季	日光レジン工業株式会社
佐藤　浩二	日本化学産業株式会社
松本　好眞	松本煉瓦株式会社
浅川　潔	有限会社コミュニティデザイン
堀部　朝広	株式会社 TIME & GARDEN
川俣　貴恵子	株式会社トコナメエプコス
藤山　宏	有限会社造景空間研究所
高橋　真琴人	高橋庭園
林　好治	有限会社林庭園設計事務所
犬塚　修司	株式会社風・みどり
松枝　雅子	株式会社松枝建築計画研究所
大嶋　陽子	株式会社ペレニアル
越智　千春	有限会社 SOY ぷらん
樋口　洋	株式会社バイオミミック
菱木　幸子	garden design Frog Space
大竹　由秀	大和ハウス工業株式会社
東　賢一	旭化成ホームズ株式会社
齊藤　康夫	有限会社藤興

◆日本エクステリア学会　賛助会員

セキスイデザインワークス株式会社
株式会社ユニマットリック
ガーデンプラス
陽光物産株式会社
株式会社 LIXIL　LIXIL ジャパンカンパニー
株式会社大仙
株式会社タカショー
エスビック株式会社
株式会社エグゼクス
三協立山株式会社　三協アルミ社エクステリア事業部

吉田　和幸	セキスイデザインワークス株式会社
荒巻　英司	セキスイデザインワークス株式会社
栗原　正和	セキスイデザインワークス株式会社
西堂　篤史	セキスイデザインワークス株式会社
長廻　悟	株式会社 LIXIL
梅田　昌也	株式会社 LIXIL
今泉　剛	株式会社 LIXIL
岡本　学	株式会社タカショー
山田　臣次	ガーデンプラス
岡田　武士	株式会社ユニマットリック

エクステリア標準製図
JIS 製図規格とその応用

発行	2016年２月20日　初版第１刷
編著者	一般社団法人 日本エクステリア学会
発行人	馬場 栄一
発行所	株式会社 建築資料研究社 〒171-0014 東京都豊島区池袋2-38-2 COSMY-Ⅰ　4階 tel. 03-3986-3239 fax.03-3987-3256 http://www2.ksknet.co.jp/book/
編集協力	株式会社 フロントロー
装丁	加藤 愛子（オフィスキントン）
印刷・製本	シナノ印刷 株式会社

ISBN 978-4-86358-391-7